设计师梦工厂

U0148763

会声会影11
视频编辑与特效制作

中文版

实例精讲

明智科技 TECHNOLOGY 周建国 编著

人民邮电出版社
北京

图书在版编目（CIP）数据

会声会影11中文版视频编辑与特效制作实例精讲／周
建国编著.—北京：人民邮电出版社，2009.1
（设计师梦工厂）
ISBN 978-7-115-18986-8

I.会… II.周… III.图形软件，会声会影 11 IV.
TP391.41

中国版本图书馆CIP数据核字（2008）第158380号

内 容 提 要

本书是一本影片剪辑与特效合成的实例类教程，包括了 104 个实例。本书共分为 9 章，介绍了捕获视频与导入素材、影片基础编辑技巧、精彩滤镜特效、神奇影片转场特效、生动的覆叠效果、标题与字幕的添加、添加完美音频、分享与输出影片和综合实例应用等内容。

本书中的每个实例都给出了知识要点和制作方法，并按照实际制作步骤详细地写出制作过程。读者可以按照操作步骤轻松地制作出书中缤纷精彩的实例效果。通过实例的演练，读者可以融会贯通，举一反三。

本书附赠光盘中提供了书中所有实例的素材文件和效果文件，并提供了《会声会影 11 30 天试用版软件》和《Paint Shop Pro PHOTO X2 30天试用版》，供读者学习使用。

本书适合于会声会影初学者、视频爱好者和 DV 爱好者等读者阅读。本书还可以作为社会相关培训班、大专院校和高等职业院校相关专业的案例教学用书。

设计师梦工厂

会声会影 11 中文版视频编辑与特效制作实例精讲

◆ 编　著　明智科技　周建国
　　责任编辑　董　静

◆ 人民邮电出版社出版发行　　北京市崇文区夕照寺街 14 号
　　邮编　100061　　电子函件　315@ptpress.com.cn
　　网址　http://www.ptpress.com.cn
　　北京鑫正大印刷有限公司印刷

◆ 开本：787×1092　1/16
　　印张：20.5　　　　　　　彩插：6
　　字数：696 千字　　　　　2009 年 1 月第 1 版
　　印数：1－4 000 册　　　　2009 年 1 月北京第 1 次印刷

ISBN 978-7-115-18986-8/TP

定价：42.00 元（附光盘）

读者服务热线：(010)67132692　印装质量热线：(010)67129223
反盗版热线：(010)67171154

前 ❖ 言

　　会声会影11中文版是现今最新、最完善的会声会影中文版软件。会声会影11以强大的功能和易学易用的特性，赢得了广大视频爱好者和DV爱好者的喜爱。会声会影软件已经成为个人及家庭影片制作软件中的核心力量，在影片剪辑和特效合成领域占据着重要的位置。

　　本书根据会声会影初学者、视频爱好者和DV爱好者的实际要求，精心挑选和设计了多个典型案例。全书的实例效果主要包括第1章捕获视频与导入素材，第2章影片基础编辑技巧，第3章精彩滤镜特效，第4章神奇影片转场特效，第5章生动的覆叠效果，第6章标题与字幕的添加，第7章添加完美音频，第8章分享与输出影片，第9章综合实例应用。本书包含了大量影片剪辑与特效合成的制作方法和技巧，列举了多个实例。每个实例均有十分详细的操作步骤，可以帮助读者快速达到学习目标。书中内容既可以独立实践，又可以综合学习，可以作为视频爱好者和DV爱好者的工具书，供读者随时翻阅查找需要的效果。

　　本书力求文字通俗易懂，操作步骤清晰准确。通过本书的学习，希望读者可以灵活运用、举一反三，创作出满意的视频特效合成作品。

　　本书是集体智慧的结晶。参与本书编写和制作工作的人员有周建国、吕娜、胡敬、于芳飞、葛润平、陈东生、张萧、孟娜、闫宇、刘遥、周亚宁、邰琳琳、张敏娜、王世宏、孟庆岩、于淼、程磊、张艳娟、张洁、张旭等。

　　本书适合进行影片剪辑与特效合成的初学者，以及有一定经验的视频爱好者学习使用。本书附赠光盘中提供了书中所有实例的素材文件和效果文件，并提供了《会声会影11 30天试用版软件》和《Paint Shop Pro PHOTO X2 30天试用版》，供读者学习使用。本光盘可以在Windows 98/Me/XP/2003 操作系统下运行。为保证更顺畅地读取素材及实例效果文件，建议读者使用时将光盘中的内容复制到电脑本地硬盘中。

　　限于作者自身的水平，加之时间仓促，书中难免会有疏漏和不足之处，望大家指正。如果您有任何有关书中的问题或意见、建议，可以通过电子邮件的方式（zjg7216@sina.com）向我们提出，我们会尽快予以答复。

明智科技

2008年7月

第1章 捕获视频与导入素材

1.1 将DV机中的视频捕获并保存
◎ 案例效果：Ch01/效果/从DV机中捕获视频

P002

1.2 截取DVD光盘中的视频
◎ 案例效果：Ch01/效果/截取DVD光盘中的视频

P005

1.3 截取VCD光盘中的视频
◎ 案例效果：Ch01/效果/截取VCD光盘中的视频

P007

1.4 截取CD光盘中的音频
◎ 案例效果：Ch01/效果/截取CD光盘中的音频

P009

1.5 截取影片中的单张图像
◎ 案例效果：Ch01/效果/截取影片中的单张图像

P011

1.6 直接导入素材至时间轴
◎ 案例效果：Ch01/效果/直接导入素材至时间轴

P013

1.7 提取视频中的声音
◎ 案例效果：Ch01/效果/提取视频中的声音

P015

第2章 影片基础编辑技巧

2.1 设置视频的入点和出点
◎ 案例效果：Ch02/效果/设置视频的入点和出点

P018

2.2 删除视频多余的部分
◎ 案例效果：Ch02/效果/删除视频多余的部分

P019

2.3 恢复已删除的视频
◎ 案例效果：Ch02/效果/恢复已删除的视频

P021

2.4 按场景分割素材
◎ 案例效果：Ch02/效果/按场景分割素材

P023

2.5 一次提取多段视频
◎ 案例效果：Ch02/效果/一次提取多段视频

P024

2.6 改变视频的前后顺序
◎ 案例效果：Ch02/效果/改变视频的前后顺序

P026

第3章　精彩滤镜特效

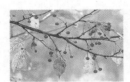

第4章 神奇影片转场特效

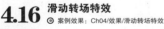

4.19 擦拭转场特效2
◎ 案例效果：Ch04/效果/擦拭转场特效2

P112

第5章 生动的覆叠效果

5.1 带有边框的画中画效果
◎ 案例效果：Ch05/效果/带有边框的画中画效果

P116

5.2 在影片中添加装饰图案
◎ 案例效果：Ch05/效果/在影片中添加装饰图案

P117

5.3 为影片添加漂亮边框
◎ 案例效果：Ch05/效果/为影片添加漂亮边框

P119

5.4 若隐若现的画面叠加效果
◎ 案例效果：Ch05/效果/若隐若现的画面叠加效果

P121

5.5 覆叠素材的动画效果
◎ 案例效果：Ch05/效果/覆叠素材的动画效果

P123

5.6 覆叠素材变形
◎ 案例效果：Ch05/效果/覆叠素材变形

P125

5.7 遮罩透空叠加效果
◎ 案例效果：Ch05/效果/遮罩透空叠加效果

P127

5.8 舞台追光灯效果
◎ 案例效果：Ch05/效果/舞台追光灯效果

P129

5.9 色度键抠像功能
◎ 案例效果：Ch05/效果/色度键抠像功能

P131

5.10 遮罩帧功能
◎ 案例效果：Ch05/效果/遮罩帧功能

P133

5.11 多轨覆叠效果
◎ 案例效果：Ch05/效果/多轨覆叠效果

P135

5.12 为视频添加Flash动画
◎ 案例效果：Ch05/效果/为视频添加Flash动画

P138

第6章　标题与字幕的添加

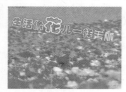
第7章　添加完美音频

第8章　分享与输出影片

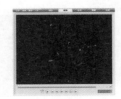

第1章

捕获视频与导入素材

1.1 将 DV 机中的视频捕获并保存

知识要点：使用捕获视频按钮和停止捕获按钮捕获视频素材。

1.1.1 将视频捕获到电脑中

（1）将 DV 和 PC 通过 1394 卡相连接，弹出"数字视频设备"对话框，提示 DV 连接成功，在对话框中进行设置，如图 1.1-1 所示。

图 1.1-1

（2）单击"确定"按钮，启动会声会影 11，在启动面板中选择"会声会影编辑器"，如图 1.1-2 所示，进入会声会影程序主界面。

图 1.1-2

（3）单击步骤选项卡中的"捕获"按钮 捕获 ，切换至捕获面板，单击选项面板中的"捕获视频"按钮，如图 1.1-3 所示。

图 1.1-3

（4）在"来源"选项下拉列表中选择"Sony DV Device"选项，如图 1.1-4 所示；在"格式"选项下拉列表中选择"MPEG"，如图 1.1-5 所示。

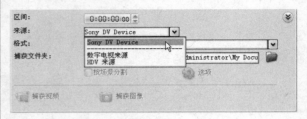

图 1.1-4

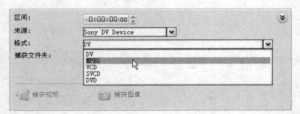

图 1.1-5

（5）单击"捕获文件夹"按钮，如图 1.1-6 所示，弹出"浏览文件夹"对话框；在弹出的对话框中选择捕获后视频保存的位置，如图 1.1-7 所示，单击"确定"按钮。

图 1.1-6

图 1.1-7

（6）单击"选项"按钮，在弹出的下拉列表中选择"捕获选项"选项，如图 1.1-8 所示，弹出"捕获选项"对话框；在对话框中进行设置，单击"确定"按钮，如图 1.1-9 所示。

图 1.1-8

图 1.1-9

（7）再次单击"选项"按钮 ，在弹出的下拉列表中选择"视频属性"选项，如图 1.1-10 所示；在弹出对话框中单击"高级"按钮，如图 1.1-11 所示。

图 1.1-10

图 1.1-11

（8）在弹出的"MPEC 设置"对话框的"模板"下拉列表中选择"DVD PAL SP"选项，如图 1.1-12 所示；单击"确定"按钮，预览窗口中效果如图 1.1-13 所示。

图 1.1-12

图 1.1-13

（9）单击"捕获视频"按钮 ，如图 1.1-14 所示，开始从当前位置捕获视频，当需要采集的视频在预览窗口播放完毕后，单击"停止捕获"按钮 ，如图 1.1-15 所示。

图 1.1-14

图 1.1-15

（10）停止捕获后，刚才捕获的视频素材显示在预览窗口中，单击"播放"按钮 ，预览视频素材，如图 1.1-16 所示。

图 1.1-16

（11）在"素材库"中右键单击刚刚捕获的视频文件，在弹出的菜单中选择"属性"命令，如图 1.1-17 所示。

图 1.1-17

（12）弹出"属性"对话框，对话框中显示了素材的详细格式信息，如图 1.1-18 所示。

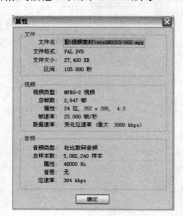

图 1.1-18

1.1.2 将视频素材改名并保存

（1）打开设置捕获视频的保存文件夹，将视频

素材重命名为"游乐园"，如图 1.1-19 所示。用户可以跟据自己的 DV 机中的视频内容进行命名。

图 1.1-19

（2）回到会声会影编辑器中，弹出"重新链接"对话框，提示文件丢失，单击"重新链接"按钮，如图 1.1-20 所示，在弹出的"重新链接文件"对话框中选择文件"游乐园"，如图 1.1-21 所示。

图 1.1-20

图 1.1-21

（3）单击"打开"按钮，弹出提示对话框，提示文件素材已经被重新链接成功，如图 1.1-22 所示，单击"确定"按钮。

图 1.1-22

（4）单击步骤选项卡中的"编辑"按钮 编辑 ，切换至编辑面板。捕获的视频文件已经被插入到"时间轴"面板中，如图 1.1-23 所示。

图 1.1-24

图 1.1-23

（5）选择"文件 > 保存"命令，如图 1.1-24所示，在弹出的"另存为"对话框中设置视频文件名称和保存路径，单击"保存"按钮，如图 1.1-25所示。

图 1.1-25

1.2　截取 DVD 光盘中的视频

知识要点：使用参数选择命令设置保存路径。使用从 DVD/DVD-VR 导入选项截取 DVD 光盘中的视频。

1.2.1　设置视频文件保存路径

（1）将 DVD 光盘放入到计算机的 DVD 光盘驱动器中，系统自动检侧到光盘，在弹出的对话框中选择"不执行操作"选项，单击"确定"按钮。

（2）启动会声会影 11，在启动面板中选择"会声会影编辑器"，如图 1.2-1 所示，进入会声会影程序主界面。

图 1.2-1

（3）选择"文件 > 参数选择"命令，如图 1.2-2所示，弹出"参数选择"对话框，单击"工作文件夹"选项右侧的按钮 ，如图 1.2-3 所示。

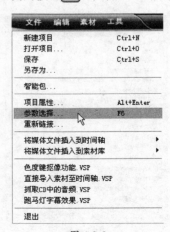

图 1.2-2

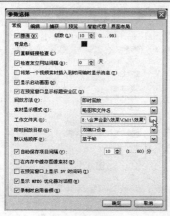

图 1.2-3

（4）在弹出的"浏览文件夹"对话框中选择采集视频文件的保存路径，如图 1.2-4 所示，单击"确定"按钮，返回到"参数选择"对话框，如图 1.2-5 所示，单击"确定"按钮。

图 1.2-4

图 1.2-5

1.2.2 截取 DVD 光盘中的视频

（1）单击步骤选项卡中的"捕获"按钮 捕获，切换至捕获面板，如图 1.2-6 所示。

图 1.2-6

（2）单击选项面板中的"从 DVD/DVD-VR 导入"按钮，如图 1.2-7 所示。

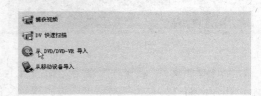

图 1.2-7

（3）弹出"选择 DVD 影片"对话框，在"驱动器"选项下拉列表中选择 DVD 光盘所在的光驱盘符，如图 1.2-8 所示。

（4）不选择光驱盘符，在"选择 DVD 影片"对话框中直接单击"导入 DVD 文件夹"按钮，如图 1.2-9 所示。

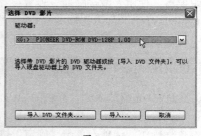

图 1.2-8

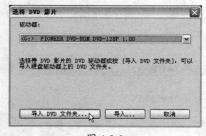

图 1.2-9

（5）在弹出的"浏览文件夹"对话框中打开 DVD 光盘所在的光驱（本例中选用的 DVD 影片为动画片"小鸡快跑"），选择其中的"VIDEO_TS"文件夹，如图 1.2-10 所示，单击"确定"按钮。

图 1.2-10

（6）此时系统弹出"导入 DVD"对话框，在"光盘卷标"列表中选中一个章节号码，就可以在对话框右侧预览区拖曳飞梭栏滑块浏览该章节内容，如图 1.2-11 所示。

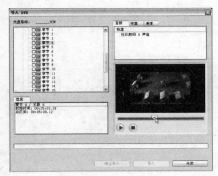

图 1.2-11

（7）在"光盘卷标"列表中勾选所有需要导入的章节，单击"导入"按钮，如图 1.2-12 所示。

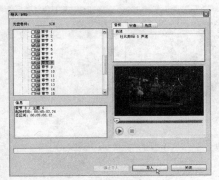

图 1.2-12

（8）导入的 DVD 视频分章节添加到"视频"素材库中，而且在预览窗口中会显示第一段视频的开始画面，如图 1.2-13 所示。

图 1.2-13

（9）打开前面设置的工作文件夹，可以看到里面有两段视频文件，这就是系统自动保存的 DVD 光盘中选择的片段，如图 1.2-14 所示。

图 1.2-14

（10）用"记事本"程序打开该工作文件夹下自动生成的"~uImportDVDTempFileInfo"文件，里面是视频文件的操作记录，如图 1.2-15 所示。

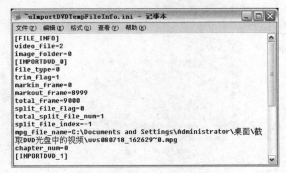

图 1.2-15

1.3 截取 VCD 光盘中的视频

知识要点：使用加载视频按钮导入光盘中的视频文件。使用保存修整后的视频命令保存修整后的视频。

1.3.1 导入 VCD 视频文件

（1）启动会声会影 11，在启动面板中选择"会声会影编辑器"，如图 1.3-1 所示，进入会声会影程序主界面。

图 1.3-1

（2）单击"视频"素材库中的"加载视频"按钮，如图 1.3-2 所示。

图 1.3-2

（3）在弹出的"打开视频文件"对话框中的"查找范围"下拉列表中选择视频光盘所在的光驱盘符，如图 1.3-3 所示。

图 1.3-3

（4）单击"打开"按钮，打开视频光盘，可以看到里面有几个文件夹，视频文件就保存在"MPEGAV"文件夹里面，如图 1.3-4 所示。

（5）打开"MPEGAV"文件夹，选择"MUSIC-01.DAT"，如图 1.3-5 所示，单击"打开"按钮。

图 1.3-4

图 1.3-5

（6）将导入的 VCD 视频插入到"时间轴"中，可以看到视频文件的后缀名为"DAT"，如图 1.3-6 所示。

图 1.3-6

1.3.2 保存修整后的视频

（1）选择"文件 > 参数选择"命令，弹出"参数选择"对话框，单击"工作文件夹"右侧的按钮，如图 1.3-7 所示。

图 1.3-7

（2）在弹出的"浏览文件夹"对话框中选择磁盘中的一个文件夹作为会声会影的工作文件夹，如图 1.3-8 所示，单击"确定"按钮。

图 1.3-8

（3）选择"素材 > 保存修整后的视频"命令，如图 1.3-9 所示，将 VCD 光盘中的视频文件保存在指定的磁盘中。

图 1.3-9

（4）保存后的视频即将导入"视频"素材库中，如图 1.3-10 所示，视频的格式为 mpg 格式，这是所有视频编辑软件都兼容的视频格式。

图 1.3-10

1.4 截取 CD 光盘中的音频

知识要点：使用转存 CD 音频对话框设置音频的格式和保存路径。

（1）启动会声会影 11，在启动面板中选择"会声会影编辑器"，如图 1.4-1 所示，进入会声会影程序主界面。

图 1.4-1

（2）单击步骤选项卡中的"音频"按钮 音频 切

换至音频面板，单击选项面板中的"从音频 CD 导入"按钮，如图 1.4-2 所示。

图 1.4-2

（3）弹出"转存 CD 音频"对话框，单击"加载/弹出光盘"按钮，如图 1.4-3 所示，对话框中的列表框中会显示 CD 光盘中的乐曲名称等信息，如图 1.4-4 所示。

图 1.4-3

图 1.4-4

（4）在音频素材列表框中取消对其他曲目的勾选，只保留勾选第一个曲目"Xiao He Bao"，单击"输出文件夹"选项右侧的"浏览"按钮，如图 1.4-5 所示。

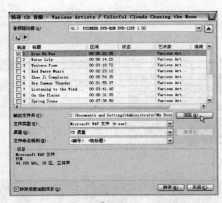

图 1.4-5

（5）在弹出的"浏览文件夹"对话框中，选择要导入音频素材的保存路径，如图 1.4-6 所示，单击"确定"按钮。

图 1.4-6

（6）回到"转存 CD 音频"对话框中，在"质量"选项下拉列表中选择"自定义"，如图 1.4-7 所示，单击"质量"选项右侧的"选项"按钮，如图 1.4-8 所示。

图 1.4-7

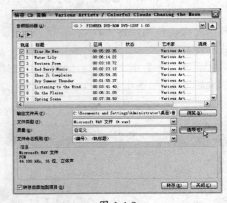

图 1.4-8

（7）弹出"音频保存选项"对话框，在"格式"选项下拉列表中选择"MPEG Audio Layer2"，设置音频的格式，如图 1.4-9 所示。

（8）在"属性"选项下拉列表中选择"44100 Hz，320 kbps，Stereo"，设置音频的采样频率、码率和声道数，如图 1.4-10 所示。

图 1.4-9

图 1.4-10

（9）单击"确定"按钮，回到"转存 CD 音频"对话框中，单击"转存"按钮，如图 1.4-11 所示。

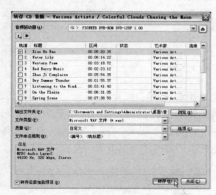

图 1.4-11

（10）系统自动开始读取 CD 音轨并保存到指定的路径，音频素材列表框的"状态"栏中显示转存的速度，如图 1.4-12 所示。

图 1.4-12

（11）选择的曲目被转存到指定的路径之后，在"状态"栏中显示"完成"，单击"关闭"按钮，如图 1.4-13 所示。

图 1.4-13

（12）回到会声会影编辑界面中，刚刚转存的音频素材已经自动插入到音轨中，如图 1.4-14 所示。

图 1.4-14

1.5　截取影片中的单张图像

知识要点：使用参数选择命令设置采集视频文件的保存路径。使用保存为静态图像命令保存影片中的某一个画面。

1.5.1　添加视频素材

（1）启动会声会影 11，在启动面板中选择"会声会影编辑器"，如图 1.5-1 所示，进入会声会影程序主界面。

图 1.5-1

（2）单击"视频"素材库中的"加载视频"按钮，如图 1.5-2 所示，在弹出的"打开视频文件"中选择光盘目录下"Ch01 > 素材 > 截取影片中的单张图像 > 桃花.mpg"文件，如图 1.5-3 所示，单击"打开"按钮。

图 1.5-2

图 1.5-3

（3）在"视频"素材库中选择添加的视频素材"桃花.mpg"，将其拖曳到"故事板"面板中，如图 1.5-4 所示。

图 1.5-4

1.5.2　设置视频文件的保存路径

（1）选择"文件 > 参数选择"命令，如图 1.5-5 所示，弹出"参数选择"对话框，单击"工作文件夹"选项右侧的按钮，如图 1.5-6 所示。

图 1.5-5

图 1.5-6

（2）在弹出的"浏览文件夹"对话框中选择采集视频文件的保存路径，如图 1.5-7 所示，单击"确定"按钮，回到"参数选择"对话框中，如图 1.5-8 所示，单击"确定"按钮。

图 1.5-7

图 1.5-8

（3）在预览窗口中拖动滑块，选择需要保留为静态图像的帧画面，如图 1.5-9 所示。

图 1.5-9

（4）选择"素材 > 保存为静态图像"命令，如图 1.5-10 所示。选定的帧被保存为一张静态图像，并自动添加到"图像"素材库中，在该图像上单击鼠标右键，在弹出的菜单中选择"属性"命令，如图 1.5-11 所示。

图 1.5-10

图 1.5-11

（5）在弹出的"属性"对话框中查看图像文件的详细信息，如图 1.5-12 所示。

图 1.5-12

1.6　直接导入素材至时间轴

知识要点：使用插入视频命令插入视频素材。使用插入图像命令插入图像素材。

（1）启动会声会影 11，在启动面板中选择"会声会影编辑器"，如图 1.6-1 所示，进入会声会影程序主界面。

（2）选择"文件 > 将媒体文件插入到时间轴 > 插入视频"命令，如图 1.6-2 所示。在弹出的"打开视频"对话框中选择"Ch01 > 素材 > 直接导入素材至时间轴 > 枫叶.mpg"文件，如图 1.6-3 所示，单击"打开"按钮。

图 1.6-1

图 1.6-2

图 1.6-3

图 1.6-4

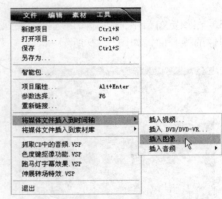

图 1.6-5

图 1.6-6

（3）选择的视频文件被插入到"故事板"上，单击"时间轴"面板中的"时间轴视图"按钮 ，切换到时间轴视图，如图 1.6-4 所示。

（4）选择"文件 > 将媒体文件插入到时间轴 > 插入图像"命令，如图 1.6-5 所示。在弹出的"打开视频"对话框中选择"Ch01 > 素材 > 直接导入素材至时间轴 > 儿童.png"文件，如图 1.6-6 所示，单击"打开"按钮。

（5）图像文件被插入到"时间轴"面板中的"覆叠轨"上。将光标置于覆叠素材右侧的黄色边框上，当鼠标指针呈双向箭头 时，向右拖曳调整覆叠素材的长度，使其与视频轨上的素材对应，释放鼠标，效果如图 1.6-7 所示。在预览窗口中效果如图 1.6-8 所示。

图 1.6-7

图 1.6-8

1.7　提取视频中的声音

知识要点：使用分割音频命令分离视频中的音频。

（1）启动会声会影 11，在启动面板中选择"会声会影编辑器"，如图 1.7-1 所示，进入会声会影程序主界面。

图 1.7-1

（2）单击"视频"素材库中的"加载视频"按钮 ，如图 1.7-2 所示。

图 1.7-2

（3）在弹出的"打开视频文件"对话框中，选择光盘目录下"Ch01 > 素材 > 提取视频中的声音 > 游乐园.mpg"文件，如图 1.7-3 所示，单击"打开"按钮。

图 1.7-3

（4）在"视频"素材库中选择添加的视频素材"游乐园.mpg"，将其拖曳到"时间轴"面板中，如图 1.7-4 所示。

图 1.7-4

（5）单击"时间轴"面板中的"时间轴视图"按钮 ，切换至"时间轴视图"显示界面，视频文件缩略图上面有一个小喇叭图标，表示这个视频文件含有音频，如图 1.7-5 所示。

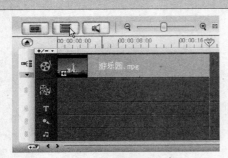

图 1.7-5

（6）在"时间轴"面板中选择"游乐园.mpg"，单击鼠标右键，在弹出的菜单中选择"分割音频"命令，如图 1.7-6 所示，几秒之后，在视频中分离出的音频被放置在声音轨中，效果如图 1.7-7 所示。

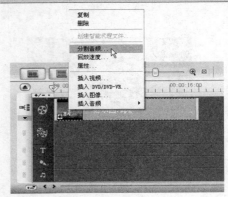

图 1.7-6

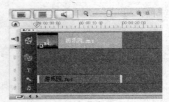

图 1.7-7

第2章

影片基础编辑技巧

2.1 设置视频的入点和出点

知识要点：使用参数选择命令设置采集视频文件的保存路径。

2.1.1 设置视频素材的保存路径

（1）启动会声会影 11，在启动面板中选择"会声会影编辑器"，如图 2.1-1 所示，进入会声会影程序主界面。

图 2.1-1

（2）选择"文件 > 参数选择"命令，如图 2.1-2 所示，弹出"参数选择"对话框，单击"工作文件夹"选项右侧的按钮 ，如图 2.1-3 所示。

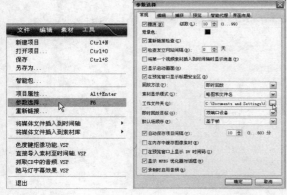

图 2.1-2   图 2.1-3

（3）在弹出的"浏览文件夹"对话框中选择采集视频文件的保存路径，如图 2.1-4 所示，单击"确定"按钮，回到"参数选择"对话框中，单击"确定"按钮。

图 2.1-4

2.1.2 添加视频素材

（1）单击"视频"素材库中的"加载视频"按钮 ，如图 2.1-5 所示，在弹出的"打开视频文件"中选择光盘目录下"Ch02 > 素材 > 设置视频的入点和出点 > 树.MOV"文件，如图 2.1-6 所示，单击"打开"按钮。

图 2.1-5

图 2.1-6

（2）在"视频"素材库中选择添加的视频素材"树.MOV"，将其拖曳到"故事板"中，如图 2.1-7 所示。

图 2.1-7

2.1.3 设置视频的入点和出点

（1）在预览窗口中拖动修整拖柄的左端，设置视频的入点，如图 2.1-8 所示。

图 2.1-8

（2）在预览窗口中拖动修整拖柄的右端，设置视频的出点，如图 2.1-9 所示。

图 2.1-9

（3）设置完视频的入点和出点后，选择"素材 > 保存修整后的视频"命令，如图 2.1-10 所示。经过

几秒的渲染后，修整之后的视频保存到设置的文件夹中，同时系统自动将修整后的视频导入到"视频"素材库中，在预览窗口中显示视频文件，如图 2.1-11 所示。

图 2.1-10

图 2.1-11

（4）打开设置的工作文件夹，里面增加了一个修整之后的"树-1.MOV"视频文件，如图 2.1-12 所示。

图 2.1-12

2.2 删除视频多余的部分

知识要点：使用剪辑按钮分割素材。使用删除 命令删除多余的片段。

2.2.1　添加视频素材

（1）启动会声会影 11，在启动面板中选择"会声会影编辑器"，如图 2.2-1 所示，进入会声会影程序主界面。

图 2.2-1

（2）单击"视频"素材库中的"加载视频"按钮，如图 2.2-2 所示，在弹出的"打开视频文件"对话框中选择光盘目录下"Ch02 > 素材 > 删除视频多余的部分 > 果子.MOV"文件，如图 2.2-3 所示，单击"打开"按钮。

图 2.2-2

图 2.2-3

（3）在"视频"素材库中选择添加的视频素材"果子.MOV"，将其拖曳到"故事板"中，如图 2.2-4 所示。

图 2.2-4

（4）单击"时间轴"面板中的"时间轴视图"按钮，切换到时间轴视图，如图 2.2-5 所示。

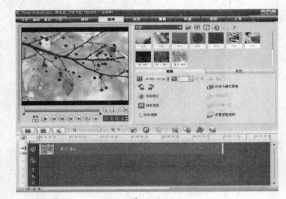

图 2.2-5

2.2.2　删除视频多余的部分

（1）在预览窗口中拖动飞梭栏滑块，使预览窗口中显示需要修剪的起始帧位置，如图 2.2-6 所示。

图 2.2-6

（2）单击"上一个"按钮和"下一个"按钮，进行精确定位，如图 2.2-7 所示。

图 2.2-7

（3）单击预览窗口右下方的"剪辑"按钮 ✂，如图 2.2-8 所示，将视频素材从当前的位置分割为两个素材，如图 2.2-9 所示。

图 2.2-8

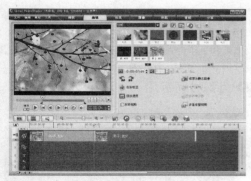

图 2.2-9

（4）在"时间轴"面板中选择分割后的一段视频，单击鼠标右键，在弹出的菜单中选择"删除"命令，如图 2.2-10 所示。

图 2.2-10

（5）在"时间轴"面板中只剩下一段视频，效果如图 2.2-11 所示。选择"文件 > 保存"命令，在弹出的"另存为"对话框中确定项目的保存路径和名称，如图 2.2-12 所示，单击"保存"按钮。

图 2.2-11

图 2.2-12

2.3　恢复已删除的视频

知识要点：使用时间轴面板、项目按钮恢复已删除的视频。

2.3.1　添加视频素材

（1）启动会声会影 11，在启动面板中选择"会声会影编辑器"，如图 2.3-1 所示，进入会声会影程序主界面。

图 2.3-1

（2）选择"文件 > 打开项目"命令，弹出"打开"对话框，选择光盘目录下"Ch02 > 素材 > 恢复已删除的视频 > 树.VSP"文件，如图 2.3-2 所示，单击"打开"按钮，在"故事板"中有两段视频素材，如图 2.3-3 所示。

图 2.3-2

图 2.3-3

（3）单击预览窗口下方的"终止"按钮 ，飞梭栏滑块移至视频的最后一帧，视频的总时间长度为 14 秒 24 帧，如图 2.3-4 所示。

图 2.3-4

2.3.2　恢复已删除的视频

（1）单击"时间轴"面板中的"时间轴视图"按钮 ，切换到时间轴视图，如图 2.3-5 所示。

图 2.3-5

（2）将光标移至第一段视频的右端并单击鼠标，当光标变成黑色双向箭头 时，如图 2.3-6 所示，按住鼠标向右拖曳到可延长的范围，如图 2.3-7 所示，当光标变成白色双向箭头 时，释放鼠标，效果如图 2.3-8 所示。

图 2.3-6

图 2.3-7

图 2.3-8

（3）在预览窗口下方单击"项目"按钮 项目，如图 2.3-9 所示，显示整个视频，效果如图 2.3-10 所示。

图 2.3-10

（4）单击预览窗口下方的"终止"按钮 ，飞梭栏滑块移至视频的最后一帧，项目的总时间长度为 22 秒 19 帧，如图 2.3-11 所示，说明删除的视频已经被恢复。

图 2.3-9

图 2.3-11

2.4　按场景分割素材

知识要点：使用按场景分割按钮将视频按照场景的变化分割为多个独立的片段。

（1）启动会声会影 11，在启动面板中选择"会声会影编辑器"，如图 2.4-1 所示，进入会声会影程序主界面。

图 2.4-2

图 2.4-1

（2）单击"视频"素材库中的"加载视频"按钮 ，如图 2.4-2 所示，在弹出的"打开视频文件"中选择光盘目录下"Ch02 > 素材 > 按场景分割素材 > 交通人流.mpg"文件，如图 2.4-3 所示，单击"打开"按钮。

图 2.4-3

（3）在"视频"素材库中选择添加的视频素材"交通人流.mpg"，将其拖曳到"时间轴"面板中，如图 2.4-4 所示。

图 2.4-4

（4）单击选项面板中的"按场景分割"按钮，如图 2.4-5 所示，在弹出的"场景"对话框中单击"选项"按钮，如图 2.4-6 所示。

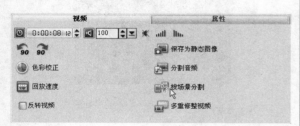

图 2.4-5

图 2.4-6

（5）在弹出的"场景扫描敏感度"对话框中拖动滑块，设置敏感度值，如图 2.4-7 所示。

图 2.4-7

（6）单击"确定"按钮，返回到"场景"对话框中，单击"扫描"按钮，在"检侧到的场景"列表框中列出检侧到的场景，如图 2.4-8 所示，单击"确定"按钮，在"时间轴"面板中被分割为 6 段视频，效果如图 2.4-9 所示。

图 2.4-8

图 2.4-9

2.5 一次提取多段视频

知识要点：使用多重修整视频命令一次性提取多段视频。

2.5.1 添加视频素材

（1）启动会声会影 11，在启动面板中选择"会声会影编辑器"，如图 2.5-1 所示，进入会声会影程序主界面。

图 2.5-1

（2）单击"视频"素材库中的"加载视频"按钮，如图 2.5-2 所示，在弹出的"打开视频文件"中选择光盘目录下"Ch02 > 素材 > 一次提取多段视频 > 大地与野花.mpg"文件，如图 2.5-3 所示，单击"打开"按钮。

图 2.5-2

图 2.5-3

（3）在"视频"素材库中选择添加的视频素材"大地与野花.mpg"，将其拖曳到"故事板"中，如图 2.5-4 所示。

图 2.5-4

2.5.2 一次提取多段视频

（1）选择"素材 > 多重修整视频"命令，弹出"多重修整视频"对话框，将"快速搜索间隔"选项设为 7 秒，如图 2.5-5 所示。

图 2.5-5

（2）单击"设置开始标记"按钮[，设置起始帧的位置，如图 2.5-6 所示。单击"向前搜索"按钮，在右侧的预览窗口中，飞梭栏自动滑到第 7 秒处，如图 2.5-7 所示。

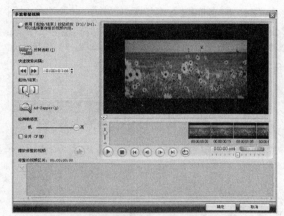

图 2.5-6

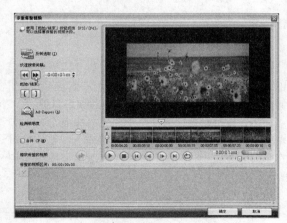

图 2.5-7

（3）单击"设置结束标记"按钮]，开始标记和结束标记之间的视频内容被剪辑出来，自动添加到"修整的视频区间"面板中，如图 2.5-8 所示。

图 2.5-8

图 2.5-11

（4）向右拖动飞梭栏滑块到第 8 秒处，如图 2.5-9 所示。单击"设置开始标记"按钮 [，设置起始帧的位置，向右拖动飞梭栏滑块到第 13 秒处，如图 2.5-10 所示。

图 2.5-9

图 2.5-10

（5）单击"设置结束标记"按钮]，开始标记和结束标记之间的视频内容被剪辑出来，自动添加到"修整的视频区间"面板中，如图 2.5-11 所示。

（6）使用相同的方法，剪辑素材中剩余的视频片段，如图 2.5-12 所示，单击"确定"按钮，剪辑的视频出现在"时间轴"面板中，效果如图 2.5-13 所示。

图 2.5-12

图 2.5-13

2.6 改变视频的前后顺序

知识要点：使用鼠标拖动视频素材改变视频的前后顺序。

2.6.1 添加视频素材

（1）启动会声会影 11，在启动面板中选择"会声会影编辑器"，如图 2.6-1 所示，进入会声会影程序主界面。

图 2.6-1

（2）单击"视频"素材库中的"加载视频"按钮，如图 2.6-2 所示，在弹出的"打开视频文件"中选择光盘目录下"Ch02 > 素材 > 改变视频的前后顺序 > 红色花.mpg、黄色花.mpg、熏衣草.mpg"文件，如图 2.6-3 所示，单击"打开"按钮，弹出"改变素材序列"对话框，如图 2.6-4 所示，单击"确定"按钮。

图 2.6-2

图 2.6-3

图 2.6-4

（3）单击"时间轴"面板中的"时间轴视图"按

钮 ，切换到时间轴视图。在"视频"素材库中分别选择添加的视频素材"熏衣草.mpg、黄色花.mpg"，依次拖曳到"视频轨"上，如图 2.6-5 所示。

图 2.6-5

2.6.2　改变视频的前后顺序

（1）选择"视频"素材库中的视频素材"红色花.mpg"，将其拖曳到视频素材"黄色花.mpg"上面，如图 2.6-6 所示。释放鼠标，效果如图 2.6-7 所示。

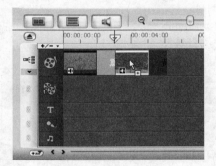

图 2.6-6

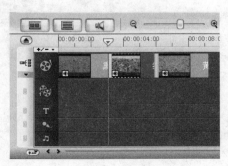

图 2.6-7

（2）单击"时间轴"面板中的"故事板视图"按钮 ，切换到故事板视图，如图 2.6-8 所示。

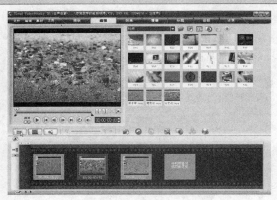

图 2.6-8

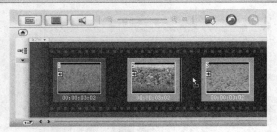

图 2.6-9

（3）将第 1 个视频素材拖曳到第 2 个视频素材的后面，如图 2.6-9 所示，释放鼠标，效果如图 2.6-10 所示。

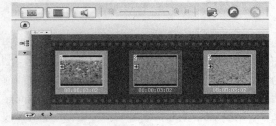

图 2.6-10

2.7 调整影片的明暗

知识要点：使用色彩校正面板调整视频素材的色彩和亮度。

（1）启动会声会影 11，在启动面板中选择"会声会影编辑器"，如图 2.7-1 所示，进入会声会影程序主界面。

图 2.7-1

（2）单击"视频"素材库中的"加载视频"按钮 ，在弹出的"打开视频文件"中选择光盘目录下"Ch02 > 素材 > 调整影片的明暗 > 竹子"文件，如图 2.7-2 所示，单击"打开"按钮。

图 2.7-2

（3）在"视频"素材库中选择添加的视频素材"竹子.mpg"，将其拖曳到"故事板"上，如图 2.7-3 所示。

图 2.7-3

（4）单击选项面板中的"调整视频色彩"按钮，如图 2.7-4 所示。

图 2.7-4

（5）在弹出的"色彩校正"面板中，将"亮度"选项设为 28，"对比度"选项设为 4，"Gamma"选项设为 36，如图 2.7-5 所示，预览窗口中的效果如图 2.7-6 所示。

图 2.7-5

图 2.7-6

2.8　调整影片背景色彩

知识要点：使用友立色彩选择器对话框调整图形的颜色。

2.8.1　添加颜色块

（1）启动会声会影 11，在启动面板中选择"会声会影编辑器"，如图 2.8-1 所示，进入会声会影程序主界面。

图 2.8-1

（2）单击素材库面板中的下拉按钮，在弹出的列表中选择"色彩"，如图 2.8-2 所示。

图 2.8-2

（3）在"色彩"素材库中选择一个色彩条目，将其拖曳到"故事板"上，如图 2.8-3 所示。

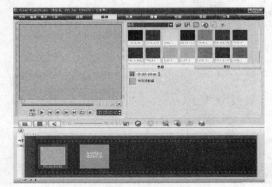

图 2.8-3

（4）单击"时间轴"面板中的"时间轴视图"按钮 ▤，切换到时间轴视图。单击素材库中的"画廊"按钮 ▾，在弹出的列表中选择"装饰 > 对象"选项，如图 2.8-4 所示。

图 2.8-4

（5）在"对象"素材库中选择图形"D18"，将其拖曳到"时间轴"面板中的"覆叠轨"上，如图 2.8-5 所示，释放鼠标，图形的背景为透明，效果如图 2.8-6 所示。

图 2.8-5

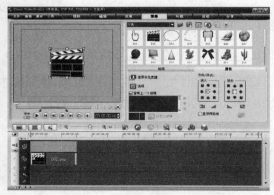

图 2.8-6

2.8.2 调整影片背景色彩

（1）选中"视频轨"中的色彩图形，单击"色彩选择器"颜色方块，如图 2.8-7 所示。在弹出的面板中选择"友立色彩选取器"选项，如图 2.8-8 所示。

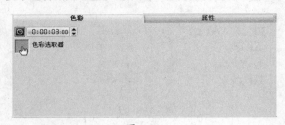

图 2.8-7

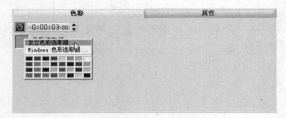

图 2.8-8

（2）在弹出的"友立色彩选取器"对话框中进行设置，如图 2.8-9 所示，单击"确定"按钮，效果如图 2.8-10 所示。

图 2.8-9

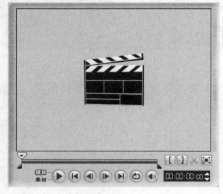

图 2.8-10

（3）运用的原始文件"D02.png"是会声会影程序自带的素材，它的默认路径"是 D> Program Files > Ulead Systems > UleadVideoStudio11 > Samples > Decoration"，读者可以根据该路径进行链接。

2.9 调整影片的大小和形状

知识要点：使用素材变形复选框将视频素材变形。使用显示网格线复选框改变网格的颜色。

2.9.1 添加视频素材

（1）启动会声会影 11，在启动面板中选择"会声会影编辑器"，如图 2.9-1 所示，进入会声会影程序主界面。

图 2.9-1

（2）单击"视频"素材库中的"加载视频"按钮，在弹出的"打开视频文件"中选择光盘目录下"Ch02 > 素材 > 调整影片的大小和形状 > 家居.mpg"文件，如图 2.9-2 所示，单击"打开"按钮，再单击"确定"按钮。

图 2.9-2

（3）在"视频"素材库中选择添加的视频素材"家居.mpg"，将其拖曳到"故事板"上，如图 2.9-3 所示。

图 2.9-3

2.9.2 调整视频素材的大小和形状

（1）在"属性"面板中勾选"变形素材"复选框，如图 2.9-4 所示。视频素材的周围出现黄色和绿色控制点，如图 2.9-5 所示。

图 2.9-4

图 2.9-5

（2）向左下方拖曳右上方的绿色控制点，将其变形，如图 2.9-6 所示。松开鼠标，效果如图 2.9-7 所示。用相同的方法，拖曳右下方的绿色控制点到适当的位置，效果如图 2.9-8 所示。

图 2.9-6

图 2.9-7

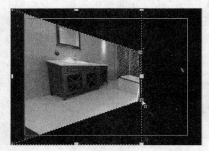

图 2.9-8

（3）将光标移至预览窗口中，当光标呈四方箭头形状时按住鼠标，向下拖动视频到适当的位置，如图 2.9-9 所示。

图 2.9-9

（4）向上拖曳左上方的绿色控制点，使其变形，如图 2.9-10 所示。

图 2.9-10

（5）将光标移至预览窗口中，当光标呈四方箭头形状时按住鼠标，向上拖动视频到适当的位置，如图 2.9-11 所示。

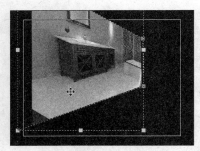

图 2.9-11

（6）向下拖曳左下方的绿色控制点，使其变形，如图 2.9-12 所示。当光标呈四方箭头形状时按住鼠标，拖动视频到适当的位置，效果如图 2.9-13 所示。

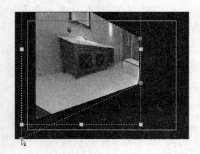

图 2.9-12

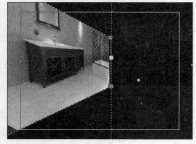

图 2.9-13

（7）向右拖曳右侧中间的控制点到适当的位置，如图 2.9-14 所示。

图 2.9-14

（8）在"属性"面板中勾选"显示网格线"复选框，如图 2.9-15 所示。单击选项面板中的"网格线选项"按钮 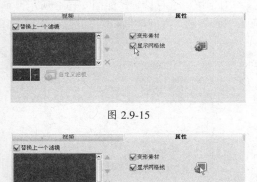 ，如图 2.9-16 所示。

图 2.9-15

图 2.9-16

（9）弹出"网格线选项"对话框，单击"线条色彩"选项的颜色块，在弹出的调色板中选择需要的颜色，其他选项的设置如图 2.9-17 所示，单击"确定"按钮，在预览窗口中效果如图 2.9-18 所示。

图 2.9-17

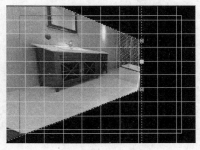

图 2.9-18

2.10 制作慢动作和快动作效果

知识要点： 使用回放速度对话框设置视频素材的播放速度，制作慢动作和快动作效果。

2.10.1 添加视频素材

（1）启动会声会影 11，在启动面板中选择"会声会影编辑器"，如图 2.10-1 所示，进入会声会影程序主界面。

图 2.10-1

（2）选择"文件 > 将媒体文件插入到时间轴 >插入视频"命令，在弹出的"打开视频文件"中选择光盘目录下"Ch02 > 素材 > 添加并使用单色素材 > 航拍庄稼地.mpg、野花一片.avi"文件，如图 2.10-2 所示，单击"打开"按钮，弹出提示对话框，单击"确定"按钮，视频素材被插入到"故事板"上，如图 2.10-3 所示。

图 2.10-2

图 2.10-3

2.10.2 制作慢动作和快动作效果

（1）单击"时间轴"面板中的"时间轴视图"按钮 ，切换到时间轴视图。选中视频素材"野花一片.avi"，如图 2.10-4 所示。

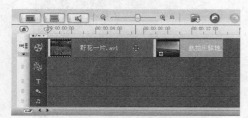

图 2.10-4

（2）单击选项面板中的"回放速度"按钮 ，如图 2.10-5 所示。

图 2.10-5

（3）在弹出的"回放速度"对话框中进行设置，如图 2.10-6 所示，单击"确定"按钮，"时间轴"面板如图 2.10-7 所示。

图 2.10-6

图 2.10-7

（4）选中视频素材"航拍庄稼地.mpg"，单击选项面板中的"回放速度"按钮 ，在弹出的"回放速度"对话框中进行设置，如图 2.10-8 所示，单击"确定"按钮，在"时间轴"面板中的效果如图 2.10-9 所示。

图 2.10-8

图 2.10-9

（5）选择视频素材"野花一片.avi"，单击导览面板中的"播放"按钮 ，可查看效果，视频素材"野花一片.avi"播放时间变短，播放速度加快，如图 2.10-10 所示。

图 2.10-10

（6）选择视频素材"航拍庄稼地.mpg"，单击导览面板中的"播放"按钮 ▶，可查看效果，视频素材"野花一片.avi"播放时间变长，播放速度变慢，如图 2.10-11 所示。

图 2.10-11

2.11　制作影片的倒放效果

知识要点：使用反转视频复选框制作视频反向播放效果。

（1）启动会声会影 11，在启动面板中选择"会声会影编辑器"，如图 2.11-1 所示，进入会声会影程序主界面。

图 2.11-1

（2）单击"视频"素材库中的"加载视频"按钮，在弹出的"打开视频文件"中选择光盘目录下"Ch02 > 素材 > 制作影片的倒放效果 > 节日喜庆树.mpg"文件，如图 2.11-2 所示，单击"打开"按钮。

图 2.11-2

（3）在"视频"素材库中选择添加的视频素材"节日喜庆树.mpg"，将其拖曳到"故事板"上，如图 2.11-3 所示。

图 2.11-3

（4）在选项面板中勾选"反转视频"复选框，使视频反向播放，如图 2.11-4 所示。在预览窗口中单击"播放"按钮 ▶，视频反向播放，效果如图 2.11-5 所示。

图 2.11-4

图 2.11-5

2.12　添加并使用单色素材

知识要点：使用加载色彩按钮添加单色素材,使用交叉淡化转场制作过渡效果。

2.12.1 添加视频素材

（1）启动会声会影 11，在启动面板中选择"会声会影编辑器"，如图 2.12-1 所示，进入会声会影程序主界面。

图 2.12-1

（2）选择"文件 > 将媒体文件插入到时间轴 > 插入视频"命令，如图 2.12-2 所示，在弹出的"打开视频文件"中选择光盘目录下"Ch02 > 素材 > 添加并使用单色素材 > 花.MOV"文件，如图 2.12-3 所示，单击"打开"按钮，视频素材被插入到"故事板"上，如图 2.12-4 所示。

图 2.12-2

图 2.12-3

图 2.12-4

2.12.2 添加色彩素材

（1）单击素材库面板中的下拉按钮，在弹出的列表中选择"色彩"选项，如图 2.12-5 所示。

图 2.12-5

（2）单击"色彩"素材库中的"加载色彩"按钮，如图 2.12-6 所示，在弹出的"新建色彩素材"对话框中单击"色彩"颜色方块，如图 2.12-7 所示。

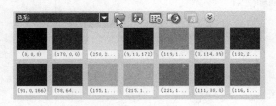

图 2.12-6

图 2.12-7

（3）在弹出的面板中选择"友立色彩选取器"选项，如图 2.12-8 所示。在弹出的"友立色彩选取器"对话框中进行设置，如图 2.12-9 所示，单击"确定"按钮，回到"新建色彩素材"对话框中，如图2.12-10 所示，单击"确定"按钮，定义的颜色被添加到素材库中，效果如图 2.12-11 所示。

图 2.12-8

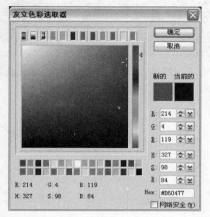

图 2.12-9

图 2.12-10

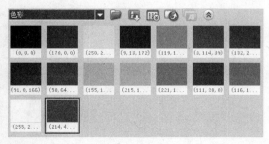

图 2.12-11

（4）拖曳素材库中的颜色到"时间轴"面板中，如图2.12-12 所示，松开鼠标，效果如图2.12-13 所示。

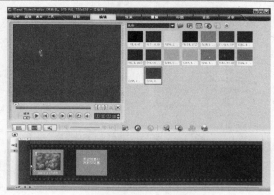

图 2.12-12

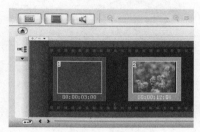

图 2.12-13

2.12.3　制作过渡效果

（1）单击步骤选项卡中的"效果"按钮 效果，切换至效果面板，单击素材库中的"画廊"按钮，在弹出的列表中选择"过滤"选项，如图 2.12-14 所示。

图 2.12-14

（2）选择素材库中的"交叉淡化"过渡效果并将其添加到"故事板"中的两个图像素材中间，如图2.12-15 所示，释放鼠标，过渡效果即应用到当前项目的素材之间，效果如图2.12-16 所示。

图 2.12-15

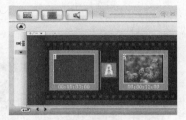

图 2.12-16

（3）在预览窗口下方单击"播放"按钮▶，可以看到粉色图像和视频的过渡效果，如图 2.12-17 所示。

图 2.12-17

第3章

精彩滤镜特效

3.1 制作浮雕效果

　　知识要点：使用浮雕滤镜为视频素材添加浮雕效果。

3.1.1 添加视频素材

　　（1）启动会声会影 11，在启动面板中选择"会声会影编辑器"选项，如图 3.1-1 所示，进入会声会影程序主界面。

图 3.1-1

　　（2）单击"视频"素材库中的"加载视频"按钮，在弹出的"打开视频文件夹"对话框中选择光盘目录下"Ch03 > 素材 > 制作浮雕效果 > 百合花开.MOV"文件，如图 3.1-2 所示，单击"打开"按钮，所选中的视频素材被插入到素材库中，效果如图 3.1-3 所示。

　　（3）在素材库中选择"百合花开.MOV"，按住鼠标左键将其拖曳至"故事板"上，释放鼠标，效果如图 3.1-4 所示。

图 3.1-2

图 3.1-3

图 3.1-4

3.1.2 制作浮雕效果

　　（1）单击素材库中的"画廊"按钮，在弹出的列表中选择"视频滤镜"选项，如图 3.1-5 所示。在"视频滤镜"素材库右上方单击"扩大/最小化素材库"按钮，将"视频滤镜"素材库展开。选择"浮雕"滤镜将其添加到"故事板"中的"百合花开.MOV"视频素材上，如图 3.1-6 所示，释放鼠标，视频滤镜即被应用到素材上，效果如图 3.1-7 所示。

图 3.1-5

图 3.1-6

图 3.1-7

（2）在"视频滤镜"素材库右上方单击"扩大/最小化素材库"按钮，将"视频滤镜"素材库最小化。单击"预设"右侧的三角形按钮，在弹出的面板中选择需要的预设类型，如图 3.1-8 所示，在预览窗口中效果如图 3.1-9 所示。

图 3.1-8   图 3.1-9

（3）单击"属性"面板中的"自定义滤镜"按钮，在弹出的"浮雕"对话框中进行设置，如图 3.1-10 所示。单击"转到下一个关键帧"按钮，飞梭栏滑块移到下一个关键帧处，其他选项的设置如图 3.1-11 所示，单击"确定"按钮。在预览窗口中拖动飞梭栏滑块，在预览窗口中观看效果，如图 3.1-12 所示。

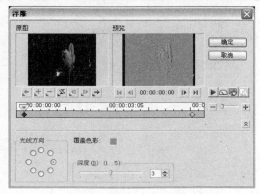

图 3.1-10

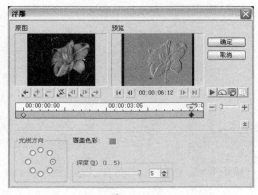

图 3.1-11

图 3.1-12

（4）单击步骤选项卡中的"分享"按钮，切换至分享面板。在选项面板中单击"创建视频文件"按钮，在弹出的列表中选择"DVD/VCD/SVCD/MPEG > PAL MPEG2(720×576，25fps)"选项，如图 3.1-13 所示，在弹出的"创建视频文件"对话框中设置文件的名称和保存路径，如图 3.1-14 所示，单击"保存"按钮。渲染完成，输出的视频文件自动添加到"视频"素材库中，效果如图 3.1-15 所示。

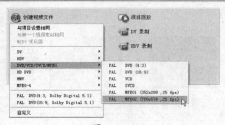

图 3.1-13

图 3.1-15

图 3.1-14

3.2 制作云雾效果

知识要点：使用云彩滤镜为视频素材添加云雾效果。

3.2.1 添加视频素材

（1）启动会声会影 11，在启动面板中选择"会声会影编辑器"选项，如图 3.2-1 所示，进入会声会影程序主界面。

图 3.2-2

图 3.2-1

（2）单击"视频"素材库中的"加载视频"按钮，在弹出的"打开视频文件夹"对话框中选择光盘目录下"Ch03 > 素材 > 制作云雾效果 > 立交桥.mpg"文件，如图 3.2-2 所示，单击"打开"按钮，所选中的视频素材被插入到素材库中，效果如图 3.2-3 所示。

图 3.2-3

（3）在素材库中选择"立交桥.mpg"，按住鼠标左键将其拖曳至"故事板"上，释放鼠标，效果如图 3.2-4 所示。

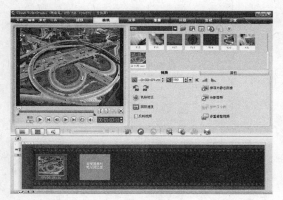

图 3.2-4

3.2.2 制作云雾效果

（1）单击素材库中的"画廊"按钮 ，在弹出的列表中选择"视频滤镜"选项，如图 3.2-5 所示。在"视频滤镜"素材库右上方单击"扩大/最小化素材库"按钮 ⊗，将"视频滤镜"素材库展开。选择"云彩"滤镜并将其添加到"故事板"中的"立交桥.mov"视频素材上，如图 3.2-6 所示，释放鼠标，视频滤镜被应用到素材上，效果如图 3.2-7 所示。

视频 ▼
视频
图像
音频
色彩
转场 ▶
视频滤镜
标题
装饰 ▶
Flash 动画
素材库管理器

图 3.2-5

图 3.2-6

图 3.2-7

（2）在"视频滤镜"素材库右上方单击"扩大/最小化素材库"按钮 ⊗，将"视频滤镜"素材库最小化。单击"属性"面板中的"自定义滤镜"按钮 ▭，在弹出的"云彩"对话框中进行设置，如图 3.2-8 所示。单击"转到下一个关键帧"按钮 ➡，飞梭栏滑块移到下一个关键帧处，其他选项的设置如图 3.2-9 所示，单击"确定"按钮。在预览窗口中拖动飞梭栏滑块 ▼，在预览窗口中观看效果，如图 3.2-10 所示。

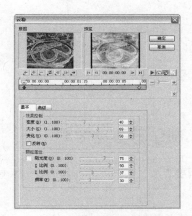

图 3.2-8

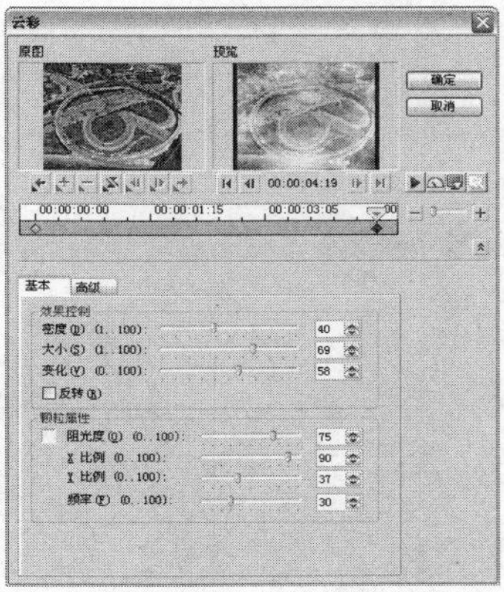

图 3.2-9

图 3.2-10

（3）单击步骤选项卡中的"分享"按钮，切换至分享面板。在选项面板中单击"创建视频文件"按钮，在弹出的列表中选择"DVD/VCD/SVCD/MPEG > PAL MPEG2(720×576, 25fps)"选项，如图 3.2-11 所示，在弹出的"创建视频文件"对话框中设置文件的名称和保存路径，如图 3.2-12 所示，单击"保存"按钮。渲染完成，输出的视频文件自动添加到"视频"素材库中，效果如图 3.2-13 所示。

图 3.2-12

图 3.2-13

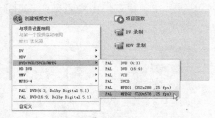

图 3.2-11

3.3 制作马赛克效果

知识要点：使用马赛克滤镜为视频素材添加马赛克效果。

3.3.1 添加视频素材

（1）启动会声会影 11，在启动面板中选择"会声会影编辑器"选项，如图 3.3-1 所示，进入会声会影程序主界面。

图 3.3-1

（2）单击"视频"素材库中的"加载视频"按钮，在弹出的"打开视频文件夹"对话框中选择光盘目录下"Ch03 > 素材 > 制作马赛克效果 > 鸽子.mpg"文件，如图 3.3-2 所示，单击"打开"按钮，所选中的视频素材被插入到素材库中，效果如图 3.3-3 所示。

图 3.3-2

图 3.3-3

（3）在素材库中选择"鸽子.mpg"按住鼠标左键将其拖曳至"故事板"上，释放鼠标，效果如图 3.3-4 所示。

图 3.3-4

3.3.2　制作马赛克效果

（1）单击素材库中的"画廊"按钮 ，在弹出的列表中选择"视频滤镜"选项，如图 3.3-5 所示。在"视频滤镜"素材库右上方单击"扩大/最小化素材库"按钮 ，将"视频滤镜"素材库展开。选择"马赛克"滤镜并将其添加到"故事板"中的"鸽子.mpg"视频素材上，如图 3.3-6 所示，释放鼠标，视频滤镜被应用到素材上，效果如图 3.3-7 所示。

图 3.3-5

图 3.3-6

图 3.3-7

（2）在"视频滤镜"素材库右上方单击"扩大/最小化素材库"按钮 ，将"视频滤镜"素材库最小化。单击"属性"面板中的"自定义滤镜"按钮 ，在弹出的"马赛克"对话框中进行设置，如图 3.3-8 所示。单击"转到下一个关键帧"按钮 ，飞梭栏滑块移到下一个关键帧处，其他选项的设置如图 3.3-9 所示，单击"确定"按钮。在预览窗口中拖动飞梭栏滑块 ，在预览窗口中观看效果，如图 3.3-10 所示。

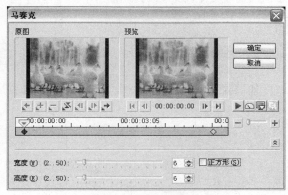

图 3.3-8

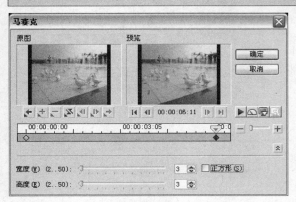

图 3.3-9

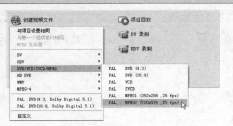

图 3.3-11

图 3.3-10

图 3.3-12

（3）单击步骤选项卡中的"分享"按钮 **分享** ，切换至分享面板。在选项面板中单击"创建视频文件"按钮，在弹出的列表中选择"DVD/VCD/SVCD/MPEG > PAL MPEG2(720 × 576，25fps)"选项，如图 3.3-11 所示。在弹出的"创建视频文件"对话框中设置文件的名称和保存路径，如图 3.3-12 所示，单击"保存"按钮。渲染完成，输出的视频文件自动添加到"视频"素材库中，效果如图 3.3-13 所示。

图 3.3-13

3.4 制作油画效果

知识要点：使用油画滤镜为视频素材添加油画效果。

3.4.1 添加视频素材

（1）启动会声会影 11，在启动面板中选择"会声会影编辑器"选项，如图 3.4-1 所示，进入会声会影程序主界面。

图 3.4-1

（2）单击"视频"素材库中的"加载视频"按钮，在弹出的"打开视频文件夹"对话框中选择光盘目录下"Ch03 > 素材 > 制作油画效果 > 荷花.mpg"文件，如图 3.4-2 所示，单击"打开"按钮，所选中的视频素材被插入到素材库中，效果如图 3.4-3 所示。

图 3.4-2

图 3.4-3

（3）在素材库中选择"荷花.mpg"，按住鼠标左键将其拖曳至"故事板"上，释放鼠标，效果如图 3.4-4 所示。

图 3.4-4

3.4.2 制作油画效果

（1）单击素材库中的"画廊"按钮，在弹出的列表中选择"视频滤镜"选项，如图 3.4-5 所示。在"视频滤镜"素材库右上方单击"扩大/最小化素材库"按钮，将"视频滤镜"素材库扩开。选择"油画"滤镜并将其添加到"故事板"中的"荷花.mpg"视频素材上，如图 3.4-6 所示，释放鼠标，视频滤镜被应用到素材上，效果如图 3.4-7 所示。

图 3.4-5

图 3.4-6

图 3.4-7

（2）在"视频滤镜"素材库右上方单击"扩大/最小化素材库"按钮，将"视频滤镜"素材库最小化。单击"属性"面板中的"自定义滤镜"按钮，在弹出的"油画"对话框中进行设置，如图 3.4-8 所示。单击"转到下一个关键帧"按钮，飞梭栏滑块移到下一个关键帧处，其他选项的设置如图3.4-9所示，单击"确定"按钮。在预览窗口中拖动飞梭栏滑块 ，在预览窗口中观看效果，如图3.4-10所示。

图 3.4-8

图 3.4-9

图 3.4-10

（3）单击步骤选项卡中的"分享"按钮

分享，切换至分享面板。在选项面板中单击"创建视频文件"按钮，在弹出的列表中选择"DVD/VCD/SVCD/MPEG > PAL MPEG2(720×576, 25fps)"选项，如图3.4-11所示。在弹出的"创建视频文件"对话框中设置文件的名称和保存路径，如图3.4-12所示，单击"保存"按钮。渲染完成，输出的视频文件自动添加到"视频"素材库中，效果如图3.4-13所示。

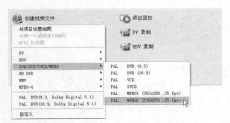

图 3.4-11

图 3.4-12

图 3.4-13

3.5 制作老电影效果

知识要点：使用老电影滤镜为视频素材制作老电影效果。

3.5.1 添加视频素材

（1）启动会声会影 11，在启动面板中选择"会声会影编辑器"选项，如图 3.5-1 所示，进入会声会影程序主界面。

图 3.5-1

（2）单击"视频"素材库中的"加载视频"按钮 ，在弹出的"打开视频文件夹"对话框中选择光盘目录下"Ch03 > 素材 > 制作老电影效果 > 翻滚的巨浪.mpg"文件，如图 3.5-2 所示，单击"打开"按钮，所选中的视频素材被插入到素材库中，效果如图 3.5-3 所示。

图 3.5-2

图 3.5-3

（3）在素材库中选择"翻滚的巨浪.mpg"，按住鼠标左键将其拖曳至"故事板"上，释放鼠标，效果如图 3.5-4 所示。

图 3.5-4

3.5.2　制作老电影效果

（1）单击素材库中的"画廊"按钮 ，在弹出的列表中选择"视频滤镜"选项，如图 3.5-5 所示。在"视频滤镜"素材库右上方单击"扩大/最小化素材库"按钮 ，将"视频滤镜"素材库展开。选择"老电影"滤镜并将其添加到"故事板"中的"翻滚的巨浪.mpg"视频素材上，如图 3.5-6 所示，释放鼠标，视频滤镜被应用到素材上，效果如图 3.5-7 所示。

图 3.5-5

图 3.5-6

图 3.5-7

（2）在"视频滤镜"素材库右上方单击"扩大/
最小化素材库"按钮，将"视频滤镜"素材库最
小化。单击"属性"选项面板中的"自定义滤镜"
按钮，弹出"老电影"对话框，单击对话框下方
的"替换色彩"选项色块，在弹出的对话框中进行
设置，如图 3.5-8 所示。单击"确定"按钮，返回到
"老电影"对话框中进行设置，如图 3.5-9 所示。单
击"转到下一个关键帧"按钮，飞梭栏滑块移到
下一个关键帧处，其他选项的设置如图 3.5-10 所示，
单击"确定"按钮。在预览窗口中拖动飞梭栏滑块
，在预览窗口中观看效果，如图 3.5-11 所示。

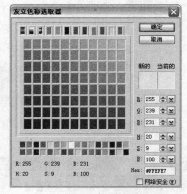

图 3.5-8

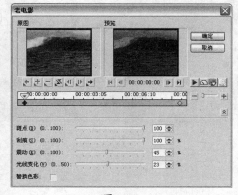

图 3.5-9

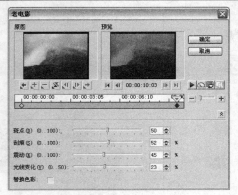

图 3.5-10

图 3.5-11

（3）单击步骤选项卡中的"分享"按钮
，切换至分享面板。在选项面板中单击
"创建视频文件"按钮，在弹出的列表中选择
"DVD/VCD/SVCD/MPEG ＞ PAL MPEG2(720×
576，25fps)"选项，如图 3.5-12 所示。在弹出的"创
建视频文件"对话框中设置文件的名称和保存路径，
如图 3.5-13 所示，单击"保存"按钮。渲染完成，
输出的视频文件自动添加到"视频"素材库中，效
果如图 3.5-14 所示。

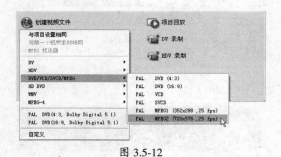

图 3.5-12

图 3.5-13

图 3.5-14

3.6 制作水彩笔效果

知识要点：使用水彩滤镜制作视频素材水彩效果。

3.6.1 添加视频素材

（1）启动会声会影 11，在启动面板中选择"会声会影编辑器"选项，如图 3.6-1 所示，进入会声会影程序主界面。

图 3.6-1

（2）单击"视频"素材库中的"加载视频"按钮，在弹出的"打开视频文件夹"对话框中选择光盘目录下"Ch03 > 素材 > 制作水彩笔效果 > 游乐园.mpg"文件，如图 3.6-2 所示，单击"打开"按钮，所选中的视频素材被插入到素材库中，效果如图 3.6-3 所示。

图 3.6-2

图 3.6-3

（3）在素材库中选择"游乐园.mpg"，按住鼠标左键将其拖曳至"故事板"上，释放鼠标，效果如图 3.6-4 所示。

图 3.6-4

3.6.2 制作水彩效果

（1）单击素材库中的"画廊"按钮，在弹出的列表中选择"视频滤镜"选项，如图 3.6-5 所示。在"视频滤镜"素材库右上方单击"扩大/最小化素材库"按钮，将"视频滤镜"素材库展开。选择

"水彩"滤镜并将其添加到"故事板"中的"游乐园.mpg"视频素材上,如图 3.6-6 所示,释放鼠标,视频滤镜被应用到素材上,效果如图 3.6-7 所示。

图 3.6-5

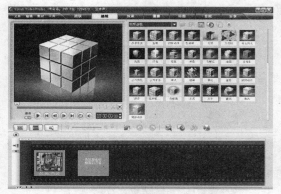

图 3.6-6

图 3.6-7

（2）在"视频滤镜"素材库右上方单击"扩大/最小化素材库"按钮，将"视频滤镜"素材库最小化。单击"属性"面板中的"自定义滤镜"按钮，在弹出的"水彩"对话框中进行设置,如图 3.6-8 所示。单击"转到下一个关键帧"按钮，飞梭栏滑块移到下一个关键帧处,其他选项的设置如图 3.6-9 所示,单击"确定"按钮。在预览窗口中拖动飞梭栏滑块，在预览窗口中观看效果,如图 3.6-10 所示。

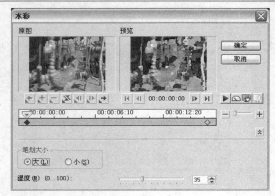

图 3.6-8

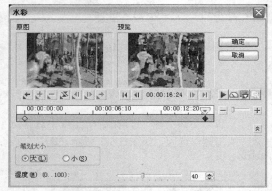

图 3.6-9

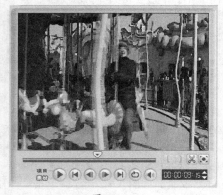

图 3.6-10

（3）单击步骤选项卡中的"分享"按钮，切换至分享面板。在选项面板中单击"创建视频文件"按钮，在弹出的列表中选择"DVD/VCD/SVCD/MPEG > PAL MPEG2(720×576, 25fps)"选项,如图 3.6-11 所示。在弹出的"创建视频文件"对话框中设置文件的名称和保存路径,如图 3.6-12 所示,单击"保存"按钮。渲染完成,输出的视频文件自动添加到"视频"素材库中,效果如图 3.6-13 所示。

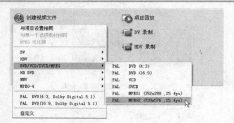

图 3.6-11

图 3.6-13

图 3.6-12

3.7　制作雨点效果

知识要点：使用雨点镜滤制作视频素材下雨效果。

3.7.1　添加视频素材

（1）启动会声会影 11，在启动面板中选择"会声会影编辑器"选项，如图 3.7-1 所示，进入会声会影程序主界面。

图 3.7-1

（2）选择"文件 > 将媒体文件插入到时间轴 > 插入视频"命令，在弹出的"打开视频文件夹"对话框中选择光盘目录下"Ch03 > 素材 > 制作雨点效果 > 稻田.mpg"文件，如图 3.7-2 所示，单击"打开"按钮，所选中的视频素材被插入到故事板中，效果如图 3.7-3 所示。

图 3.7-2

图 3.7-3

3.7.2 制作下雨效果

（1）单击素材库中的"画廊"按钮 ▼，在弹出的列表中选择"视频滤镜"选项，如图 3.7-4 所示。在"视频滤镜"素材库右上方单击"扩大/最小化素材库"按钮 ⊗，将"视频滤镜"素材库展开，选择"雨点"滤镜并将其添加到"故事板"中的"稻田.mpg"视频素材上，如图 3.7-5 所示，释放鼠标，视频滤镜被应用到素材上，效果如图 3.7-6 所示。

图 3.7-4

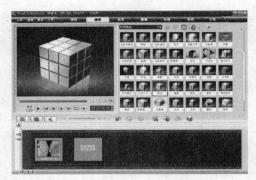

图 3.7-5

图 3.7-6

（2）在"视频滤镜"素材库右上方单击"扩大/最小化素材库"按钮 ⊗，将"视频滤镜"素材库最小化。单击"属性"面板中的"自定义滤镜"按钮 🔊，在弹出的"雨点"对话框中进行设置，如图 3.7-7 所示。单击"高级"选项卡，在弹出的对话框中进行设置，如图 3.7-8 所示。

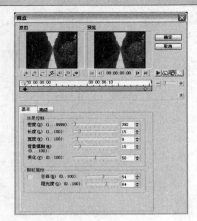

图 3.7-7

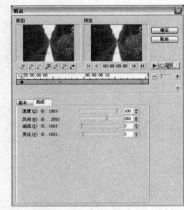

图 3.7-8

（3）单击"转到下一个关键帧"按钮 ➡，飞梭栏滑块移到下一个关键帧处，在对话框中进行设置，如图 3.7-9 所示。单击"基本"选项卡，在弹出的对话框中进行设置，如图 3.7-10 所示，单击"确定"按钮。在预览窗口中拖动飞梭栏滑块 ▼，在预览窗口中观看效果，如图 3.7-11 所示。

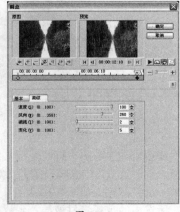

图 3.7-9

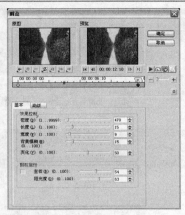

图 3.7-10

图 3.7-11

（4）单击步骤选项卡中的"分享"按钮

，切换至分享面板。在选项面板中单击
"创建视频文件"按钮，在弹出的列表中选择
"DVD/VCD/SVCD/MPEG ＞ PAL MPEG2(720 ×
576，25fps)"选项，如图 3.7-12 所示。在弹出的"创
建视频文件"对话框中设置文件的名称和保存路径，
如图 3.7-13 所示，单击"保存"按钮。渲染完成，
输出的视频文件自动添加到"视频"素材库中，效

果如图 3.7-14 所示。

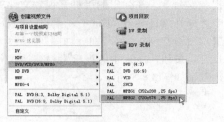

图 3.7-12

图 3.7-13

图 3.7-14

3.8　制作双色调效果

知识要点：使用双色调滤镜为视频素材制作双
色调效果。

3.8.1　添加视频素材

（1）启动会声会影 11，在启动面板中选择"会
声会影编辑器"选项，如图 3.8-1 所示，进入会声会
影程序主界面。

图 3.8-1

（2）选择"文件 > 将媒体文件插入到时间轴 > 插入视频"命令，在弹出的"打开视频文件夹"对话框中选择光盘目录下"Ch03 > 素材 > 制作双色调效果 > 抚摸叶脉.avi"文件，如图 3.8-2 所示，单击"打开"按钮，所选中的视频素材被插入到故事板中，效果如图 3.8-3 所示。

图 3.8-2

图 3.8-3

3.8.2 制作双色调效果

（1）单击素材库中的"画廊"按钮，在弹出的列表中选择"视频滤镜"选项，如图 3.8-4 所示。在"视频滤镜"素材库右上方单击"扩大/最小化素材库"按钮，将"视频滤镜"素材库展开。选择"双色调"滤镜并将其添加到"故事板"中的"抚摸叶脉.avi"视频素材上，如图 3.8-5 所示，释放鼠标，视频滤镜被应用到素材上，效果如图 3.8-6 所示。

图 3.8-4

图 3.8-5

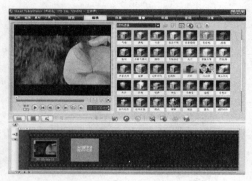

图 3.8-6

（2）在"视频滤镜"素材库右上方单击"扩大/最小化素材库"按钮，将"视频滤镜"素材库最小化。单击"属性"面板中的"自定义滤镜"按钮，弹出"双色调"对话框，单击对话框左侧的色彩块，在弹出的对话框中进行设置，如图 3.8-7 所示，单击"确定"按钮。返回到"双色调"对话框，单击右侧的色彩块，在弹出的对话框中进行设置，如图 3.8-8 所示，单击"确定"按钮，返回到"双色调"对话框中进行设置，如图 3.8-9 所示。

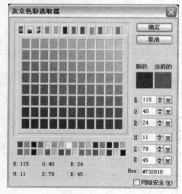

图 3.8-7

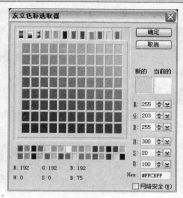

图 3.8-8

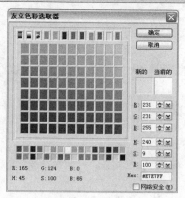

图 3.8-11

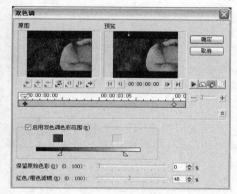

图 3.8-9

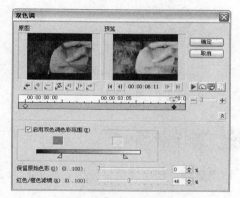

图 3.8-12

（3）单击"转到下一个关键帧"按钮 →，飞梭栏滑块移到下一个关键帧处，单击对话框左侧的色彩块，在弹出的对话框中进行设置，如图 3.8-10 所示，单击"确定"按钮。返回到"双色调"对话框，单击对话框右侧的色彩块，在弹出的对话框中进行设置，如图 3.8-11 所示，单击"确定"按钮，返回到"双色调"对话框中进行设置，如图 3.8-12 所示，单击"确定"按钮。在预览窗口中拖动飞梭栏滑块 ▽，在预览窗口中观看效果，如图 3.8-13 所示。

图 3.8-13

（4）单击步骤选项卡中的"分享"按钮 分享，切换至分享面板。在选项面板中单击"创建视频文件"按钮 ，在弹出的列表中选择" DVD/VCD/SVCD/MPEG > PAL MPEG2(720 × 576，25fps)"选项，如图 3.8-14 所示。在弹出的"创建视频文件"对话框中设置文件的名称和保存路径，如图 3.8-15 所示，单击"保存"按钮。渲染完成，输出的视频文件自动添加到"视频"素材库中，效果如图 3.8-16 所示。

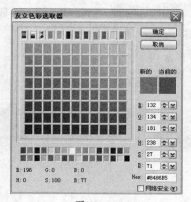

图 3.8-10

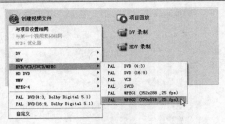

图 3.8-14

图 3.8-16

图 3.8-15

3.9 制作漫画效果

知识要点： 使用漫画滤镜为视频素材添加漫画效果。

3.9.1 添加视频素材

（1）启动会声会影 11，在启动面板中选择"会声会影编辑器"选项，如图 3.9-1 所示，进入会声会影程序主界面。

图 3.9-1

（2）选择"文件 > 将媒体文件插入到时间轴 > 插入视频"命令，在弹出的"打开视频文件夹"对话框中选择光盘目录下"Ch03 > 素材 > 制作漫画效果 > 航拍.mpg"文件，如图 3.9-2 所示，单击"打开"按钮，所选中的视频素材被插入到故事板中，效果如图 3.9-3 所示。

图 3.9-2

图 3.9-3

3.9.2 制作漫画效果

（1）单击素材库中的"画廊"按钮，在弹出的列表中选择"视频滤镜"选项，如图3.9-4所示。在"视频滤镜"素材库右上方单击"扩大/最小化素材库"按钮，将"视频滤镜"素材库展开。选择"漫画"滤镜并将其添加到"故事板"中的"航拍.mpg"视频素材上，如图3.9-5所示，释放鼠标，视频滤镜被应用到素材上，效果如图3.9-6所示。

图3.9-4

图3.9-5

图3.9-6

（2）在"视频滤镜"素材库右上方单击"扩大/最小化素材库"按钮，将"视频滤镜"素材库最小化。单击"预设"右侧的三角形按钮，在弹出的下拉列表中选择需要的预设类型，如图3.9-7所示，在预览窗口中效果如图3.9-8所示。在预览窗口中拖动飞梭栏滑块，在预览窗口中观看效果，如图3.9-9所示。

图3.9-7

图3.9-8

图3.9-9

（3）单击步骤选项卡中的"分享"按钮，切换至分享面板。在选项面板中单击"创建视频文件"按钮，在弹出的列表中选择"DVD/VCD/SVCD/MPEG > PAL MPEG2(720 × 576, 25fps)"选项，如图3.9-10所示。在弹出的"创建视频文件"对话框中设置文件的名称和保存路径，如图3.9-11所示，单击"保存"按钮。渲染完成，输出的视频文件自动添加到"视频"素材库中，效果如图3.9-12所示。

图 3.9-10

图 3.9-12

图 3.9-11

3.10 制作色彩平衡效果

知识要点：使用色彩平衡滤镜调整视频素材的色调。

3.10.1 添加视频素材

（1）启动会声会影 11，在启动面板中选择"会声会影编辑器"选项，如图 3.10-1 所示，进入会声会影程序主界面。

图 3.10-1

（2）选择"文件 > 将媒体文件插入到时间轴 > 插入视频"命令，在弹出的"打开视频文件夹"对话框中选择光盘目录下"Ch03 > 素材 > 制作色彩平衡效果 > 节日舞狮.mpg"文件，如图 3.10-2 所示，单击"打开"按钮，所选中的视频素材被插入到故事板中，效果如图 3.10-3 所示。

图 3.10-2

图 3.10-3

3.10.2 调整视频素材色调效果

（1）单击素材库中的"画廊"按钮 ▼，在弹出的列表中选择"视频滤镜"选项，如图3.10-4所示。在"视频滤镜"素材库右上方单击"扩大/最小化素材库"按钮，将"视频滤镜"素材库展开。选择"色彩平衡"滤镜并将其添加到"故事板"中的"节日舞狮.mpg"视频素材上，如图3.10-5所示，释放鼠标，视频滤镜被应用到素材上，效果如图3.10-6所示。

图 3.10-4

图 3.10-5

图 3.10-6

（2）在"视频滤镜"素材库右上方单击"扩大/最小化素材库"按钮，将"视频滤镜"素材库最小化。单击"属性"面板中的"自定义滤镜"按钮，在弹出的"色彩平衡"对话框中进行设置，如图3.10-7所示。单击"转到下一个关键帧"按钮，飞梭栏滑块移到下一个关键帧处，其他选项的设置如图3.10-8所示，单击"确定"按钮。在预览窗口中拖动飞梭栏滑块，在预览窗口中观看效果，如

图 3.10-9 所示。

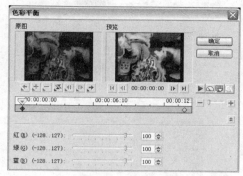

图 3.10-7

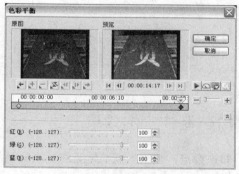

图 3.10-8

图 3.10-9

（3）单击步骤选项卡中的"分享"按钮，切换至分享面板。在选项面板中单击"创建视频文件"按钮，在弹出的列表中选择"DVD/VCD/SVCD/MPEG > PAL MPEG2(720 × 576, 25fps)"选项，如图3.10-10所示。在弹出的"创建视频文件"对话框中设置文件的名称和保存路径，如图3.10-11所示，单击"保存"按钮。渲染完成，输出的视频文件自动添加到"视频"素材库中，效果如图3.10-12所示。

图 3.10-10

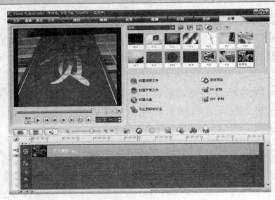

图 3.10-12

图 3.10-11

3.11　制作气泡效果

知识要点：使用气泡滤镜为视频素材制作气泡效果。

3.11.1　添加视频素材

（1）启动会声会影软件 11，在启动面板中选择"会声会影编辑器"选项，如图 3.11-1 所示，进入会声会影程序主界面。

图 3.11-2

图 3.11-1

（2）选择"文件 > 将媒体文件插入到时间轴 > 插入视频"命令，在弹出的"打开视频文件夹"对话框中选择光盘目录下"Ch03 > 素材 > 制作气泡效果 > 五彩生活.mpg"文件，如图 3.11-2 所示，单击"打开"按钮，所选中的视频素材被插入到故事板中，效果如图 3.11-3 所示。

图 3.11-3

3.11.2　制作气泡效果

（1）单击素材库中的"画廊"按钮，在弹出的列表中选择"视频滤镜"选项,如图 3.11-4 所示。在"视频滤镜"素材库右上方单击"扩大/最小化素材库"按钮，将"视频滤镜"素材库扩开。选择"气泡"滤镜并将其添加到"故事板"中的"五彩生活.mpg"视频素材上,如图 3.11-5 所示,释放鼠标,视频滤镜被应用到素材上,效果如图 3.11-6 所示。

图 3.11-4

图 3.11-5

图 3.11-6

（2）在"视频滤镜"素材库右上方单击"扩大/最小化素材库"按钮，将"视频滤镜"素材库最小化。单击"属性"面板中的"自定义滤镜"按钮，弹出"气泡"对话框,如图 3.11-7 所示。单击"转到下一个关键帧"按钮，飞梭栏滑块移到下一个关键帧处,其他选项的设置如图 3.11-8 所示,单击"确定"按钮。在预览窗口中拖动飞梭栏滑块，在预览窗口中观看效果,如图 3.11-9 所示。

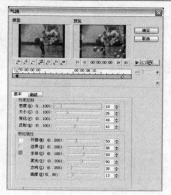

图 3.11-7

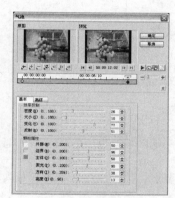

图 3.11-8

图 3.11-9

（3）单击步骤选项卡中的"分享"按钮，切换至分享面板。在选项面板中单击"创建视频文件"按钮，在弹出的列表中选择"DVD/VCD/SVCD/MPEG > PAL MPEG2(720×576, 25fps)"选项,如图 3.11-10 所示,在弹出的"创建视频文件"对话框中设置文件的名称和保存路径,如图 3.11-11 所示,单击"保存"按钮。渲染完成,输出的视频文件自动添加到"视频"素材库中,效果如图 3.11-12 所示。

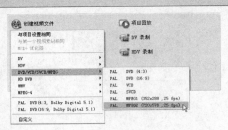

图 3.11-10

图 3.11-12

图 3.11-11

3.12 制作模糊效果

知识要点：使用模糊滤镜为视频素材制作模糊效果。

3.12.1 添加视频素材

（1）启动会声会影 11，在启动面板中选择"会声会影编辑器"选项，如图 3.12-1 所示，进入会声会影程序主界面。

图 3.12-1

（2）选择"文件 > 将媒体文件插入到时间轴 > 插入视频"命令，在弹出的"打开视频文件夹"对话框中选择光盘目录下"Ch03 > 素材 > 制作模糊效果 > 水中玫瑰花飘动.mpg"文件，如图 3.12-2 所示，单击"打开"按钮，所选中的视频素材被插入到故事板中，效果如图 3.12-3 所示。

图 3.12-2

图 3.12-3

3.12.2 制作下雨效果

（1）单击素材库中的"画廊"按钮，在弹出的列表中选择"视频滤镜"选项，如图 3.12-4 所示。

在"视频滤镜"素材库右上方单击"扩大 > 最小化素材库"按钮，将"视频滤镜"素材库展开。选择"模糊"滤镜并将其添加到"故事板"中的"水中玫瑰花飘动.mpg"视频素材上，如图 3.12-5 所示，释放鼠标，视频滤镜被应用到素材上，效果如图 3.12-6 所示。

图 3.12-4

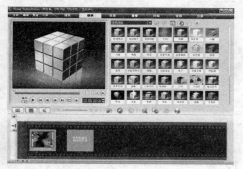

图 3.12-5

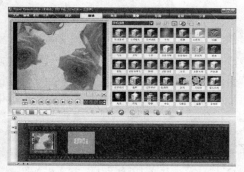

图 3.12-6

（2）在"视频滤镜"素材库右上方单击"扩大/最小化素材库"按钮，将"视频滤镜"素材库最小化。在"属性"面板中取消"替换上一个滤镜"复选框的勾选状态，如图 3.12-7 所示。

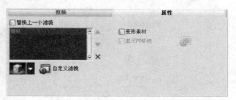

图 3.12-7

（3）再添加 4 次"模糊"滤镜到"故事板"中的"水中玫瑰花飘动.mpg"视频素材上，在"属性"面板中效果如图 3.12-8 所示。在预览窗口中拖动飞梭栏滑块，在预览窗口中观看效果，如图 3.12-9 所示。

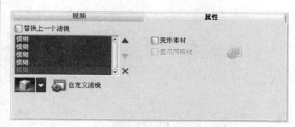

图 3.12-8

图 3.12-9

（4）单击步骤选项卡中的"分享"按钮，切换至分享面板。在选项面板中单击"创建视频文件"按钮，在弹出的列表中选择"DVD/VCD/SVCD/MPEG > PAL MPEG2(720 × 576，25fps)"选项，如图 3.12-10 所示。在弹出的"创建视频文件"对话框中设置文件的名称和保存路径，如图 3.12-11 所示，单击"保存"按钮。渲染完成，输出的视频文件自动添加到"视频"素材库中，效果如图 3.12-12 所示。

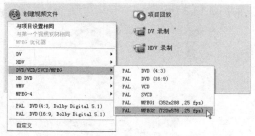

图 3.12-10

图 3.12-11

图 3.12-12

3.13 制作缩放效果

知识要点：使用视频摇动和缩放滤镜为视频素材制作缩放效果。

3.13.1 添加视频素材

（1）启动会声会影 11，在启动面板中选择"会声会影编辑器"选项，如图 3.13-1 所示，进入会声会影程序主界面。

图 3.13-1

（2）选择"文件 > 将媒体文件插入到时间轴 > 插入视频"命令，在弹出的"打开视频文件夹"对话框中选择光盘目录下"Ch03 > 素材 > 缩放动画效果 > 家居.mpg"文件，如图 3.13-2 所示，单击"打开"按钮，所选中的视频素材被插入到故事板中，效果如图 3.13-3 所示。

图 3.13-2

图 3.13-3

3.13.2 制作视频摇动和缩放

（1）单击素材库中的"画廊"按钮 ▼，在弹出的列表中选择"视频滤镜"选项，如图 3.13-4 所示。在"视频滤镜"素材库右上方单击"扩大/最小化素材库"按钮 ⊗，将"视频滤镜"素材库展开。选择"视频摇动和缩放"滤镜并将其添加到"故事板"中的"家居.mpg"视频素材上，如图 3.13-5 所示。释放鼠标，视频滤镜被应用到素材上，效果如图 3.13-6 所示。

图 3.13-4

图 3.13-5

图 3.13-6

（2）单击"属性"面板中的"自定义滤镜"按钮，在弹出的"视频摇动和缩放"对话框中进行设置，如图 3.13-7 所示。单击"转到下一个关键帧"按钮，飞梭栏滑块移到下一个关键帧处，拖动十字标记，改变聚焦的中心点，其选项的设置如图 3.13-8 所示，单击"确定"按钮。在预览窗口中拖动飞梭栏滑块，在预览窗口中观看效果，如图 3.13-9 所示。

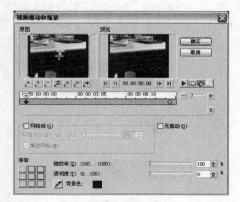

图 3.13-7

图 3.13-8

图 3.13-9

（3）单击步骤选项卡中的"分享"按钮，切换至分享面板。在选项面板中单击"创建视频文件"按钮，在弹出的列表中选择"DVD/VCD/SVCD/MPEG > PAL MPEG2(720×576，25fps)"选项，如图 3.13-10 所示。在弹出的"创建视频文件"对话框中设置文件的名称和保存路径，如图 3.13-11 所示，单击"保存"按钮。渲染完成，输出的视频文件自动添加到"视频"素材库中，效果如图 3.13-12 所示。

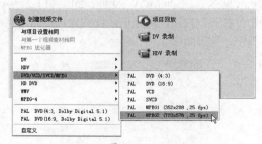

图 3.13-10

图 3.13-11

图 3.13-12

3.14 制作镜头闪光效果

知识要点：使用镜头闪光滤镜为视频素材制作镜头闪光效果。

3.14.1 添加视频素材

（1）启动会声会影 11，在启动面板中选择"会声会影编辑器"选项，如图 3.14-1 所示，进入会声会影程序主界面。

图 3.14-1

（2）选择"文件 > 将媒体文件插入到时间轴 > 插入视频"命令，在弹出的"打开视频文件夹"对话框中选择光盘目录下"Ch03 > 素材 > 制作镜头闪光效果 > 海平面.MOV"文件，如图 3.14-2 所示，单击"打开"按钮，所选中的视频素材被插入到故事板中，效果如图 3.14-3 所示。

图 3.14-2

图 3.14-3

3.14.2 制作镜头闪光效果

（1）单击素材库中的"画廊"按钮 ，在弹出的列表中选择"视频滤镜"选项，如图 3.14-4 所示。在"视频滤镜"素材库右上方单击"扩大/最小化素材库"按钮 ，将"视频滤镜"素材库扩开。选择"镜头闪光"滤镜并将其添加到"故事板"中的"海平面.MOV"视频素材上，如图 3.14-5 所示，释放鼠标，视频滤镜被应用到素材上，效果如图 3.14-6 所示。

图 3.14-4

图 3.14-5

图 3.14-6

（2）在"视频滤镜"素材库右上方单击"扩大/最小化素材库"按钮，将"视频滤镜"素材库最小化。单击"预设"右侧的三角形按钮，在弹出的面板中选择需要的预设类型，如图 3.14-7 所示，在预览窗口中效果如图 3.14-8 所示。

图 3.14-7

图 3.14-8

（3）单击"属性"面板中的"自定义滤镜"按钮，在弹出的"镜头闪光"对话框中进行设置，如图 3.14-9 所示。单击"转到下一个关键帧"按钮，飞梭栏滑块移到下一个关键帧处，其他选项的设置如图 3.14-10 所示，单击"确定"按钮。在预览窗口中拖动飞梭栏滑块，在预览窗口中观看效果，如图 3.14-11 所示。

图 3.14-9

图 3.14-10

图 3.14-11

（4）单击步骤选项卡中的"分享"按钮，切换至分享面板。在选项面板中单击"创建视频文件"按钮，在弹出的列表中选择"DVD/VCD/SVCD/MPEG > PAL MPEG2(720 × 576，25fps)"选项，如图 3.14-12 所示。在弹出的"创建视频文件"对话框中设置文件的名称和保存路径，如图 3.14-13 所示，单击"保存"按钮。渲染完成，输出的视频文件自动添加到"视频"素材库中，效果如图 3.14-14 所示。

图 3.14-12

图 3.14-13

图 3.14-14

3.15 制作单色效果

知识要点： 使用单色滤镜改变视频素材颜色效果。

3.15.1 添加视频素材

（1）启动会声会影 11，在启动面板中选择"会声会影编辑器"选项，如图 3.15-1 所示，进入会声会影程序主界面。

图 3.15-1

（2）选择"文件 > 将媒体文件插入到时间轴 > 插入视频"命令，在弹出的"打开视频文件夹"对话框中选择光盘目录下"Ch03 > 素材 > 制作单色效果 > 秋后枫叶.mpg"文件，如图 3.15-2 所示，单击"打开"按钮，所选中的视频素材被插入到故事板中，效果如图 3.15-3 所示。

图 3.15-2

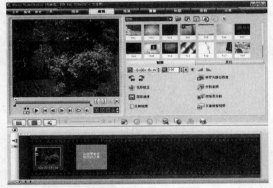

图 3.15-3

3.15.2 调整视频素材色调效果

（1）单击素材库中的"画廊"按钮 ，在弹出的列表中选择"视频滤镜"选项，如图 3.15-4 所示。在"视频滤镜"素材库右上方单击"扩大/最小化素材库"按钮 ，将"视频滤镜"素材库展开。选择"单色"滤镜并将其添加到"故事板"中的"秋后枫叶.mpg"视频素材上，如图 3.15-5 所示，释放鼠标，视频滤镜被应用到素材上，效果如图 3.15-6 所示。

图 3.15-4

图 3.15-5

图 3.15-6

（2）在"视频滤镜"素材库右上方单击"扩大/最小化素材库"按钮，将"视频滤镜"素材库最小化。单击"属性"面板中的"自定义滤镜"按钮，弹出"单色"对话框，单击"单色"选项的颜色块，在弹出的对话框中进行设置，如图 3.15-7 所示，单击"确定"按钮，弹出提示对话框，如图 3.15-8 所示，单击"确定"按钮，返回到"单色"对话框，如图 3.15-9 所示。

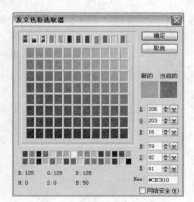

图 3.15-7

图 3.15-8

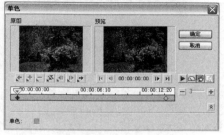

图 3.15-9

（3）单击"转到下一个关键帧"按钮，飞梭栏滑块移到下一个关键帧处，单击"单色"选项的颜色块，在弹出的对话框中进行设置，如图 3.15-10 所示，单击"确定"按钮，弹出提示对话框，再单击"确定"按钮，返回到"单色"对话框，如图 3.15-11 所示，单击"确定"按钮。在预览窗口中拖动飞梭栏滑块，在预览窗口中观看效果，如图 3.15-12 所示。

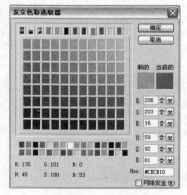

图 3.15-10

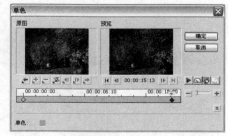

图 3.15-11

图 3.15-12

图 3.15-14

（4）单击步骤选项卡中的"分享"按钮 **分享**，切换至分享面板。在选项面板中单击"创建视频文件"按钮，在弹出的列表中选择"DVD/VCD/SVCD/MPEG > PAL MPEG2(720 × 576，25fps)"选项，如图 3.15-13 所示，在弹出的"创建视频文件"对话框中设置文件的名称和保存路径，如图 3.15-14 所示，单击"保存"按钮。渲染完成，输出的视频文件自动添加到"视频"素材库中，效果如图 3.15-15 所示。

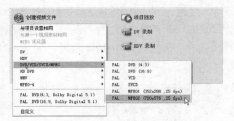

图 3.15-15

图 3.15-13

3.16 制作幻影动作效果

知识要点：使用幻影动作滤镜为视频素材制作幻影效果。

3.16.1 添加视频素材

（1）启动会声会影 11，在启动面板中选择"会声会影编辑器"选项，如图 3.16-1 所示，进入会声会影程序主界面。

图 3.16-1

（2）选择"文件 > 将媒体文件插入到时间轴 > 插入视频"命令，在弹出的"打开视频文件夹"对话框中选择光盘目录下"Ch03 > 素材 > 制作幻影动作效果 > 绿色植物.MOV"文件，如图 3.16-2 所示，单击"打开"按钮，所选中的视频素材被插入到故事板中，效果如图 3.16-3 所示。

图 3.16-2

图 3.16-3

图 3.16-6

3.16.2　制作视频素材幻影效果

（1）单击素材库中的"画廊"按钮，在弹出的列表中选择"视频滤镜"选项，如图 3.16-4 所示。在"视频滤镜"素材库右上方单击"扩大/最小化素材库"按钮，将"视频滤镜"素材库展开。选择"幻影动作"滤镜并将其添加到"故事板"中的"绿色植物.MOV"视频素材上，如图 3.16-5 所示，释放鼠标，视频滤镜被应用到素材上，效果如图 3.16-6 所示。

（2）在"视频滤镜"素材库右上方单击"扩大/最小化素材库"按钮，将"视频滤镜"素材库最小化。单击"属性"面板中的"自定义滤镜"按钮，弹出"幻影动作"对话框，在对话框中进行设置，如图 3.16-7 所示。单击"转到下一个关键帧"按钮，飞梭栏滑块移到下一个关键帧处，其他选项的设置如图 3.16-8 所示，单击"确定"按钮。在预览窗口中拖动飞梭栏滑块，在预览窗口中观看效果，如图 3.16-9 所示。

图 3.16-4

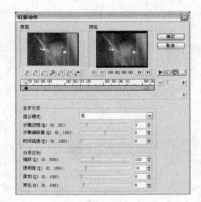

图 3.16-7

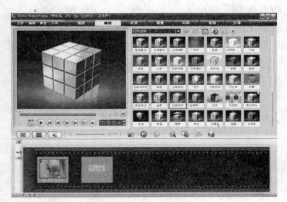

图 3.16-5

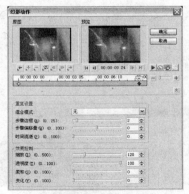

图 3.16-8

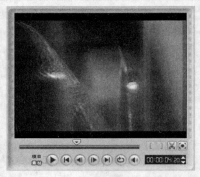

图 3.16-9

图 3.16-11

（3）单击步骤选项卡中的"分享"按钮

分享，切换至分享面板。在选项面板中单击
"创建视频文件"按钮，在弹出的列表中选择
"DVD/VCD/SVCD/MPEG > PAL MPEG2(720 ×
576，25fps)"选项，如图 3.16-10 所示。在弹出的"创
建视频文件"对话框中设置文件的名称和保存路径，
如图 3.16-11 所示，单击"保存"按钮。渲染完成，
输出的视频文件自动添加到"视频"素材库中，效
果如图 3.16-12 所示。

图 3.16-12

图 3.16-10

3.17 制作锐化效果

知识要点：使用锐化动作滤镜为视频素材制作
锐化效果。

3.17.1 添加视频素材

（1）启动会声会影 11，在启动面板中选择"会
声会影编辑器"选项，如图 3.17-1 所示，进入会声
会影程序主界面。

图 3.17-1

（2）选择"文件 > 将媒体文件插入到时间轴 >
插入视频"命令，在弹出的"打开视频文件夹"对
话框中选择光盘目录下"Ch03 > 素材 > 制作锐化
效果 > 果子.mpg"文件，如图 3.17-2 所示，单击
"打开"按钮，所选中的视频素材被插入到故事板中，
效果如图 3.17-3 所示。

图 3.17-2

图 3.17-3

3.17.2　制作视频素材幻影效果

（1）单击素材库中的"画廊"按钮，在弹出的列表中选择"视频滤镜"选项，如图 3.17-4 所示。在"视频滤镜"素材库右上方单击"扩大/最小化素材库"按钮，将"视频滤镜"素材库展开。选择"锐化"滤镜并将其添加到"故事板"中的"果子.mpg"视频素材上，如图 3.17-5 所示，释放鼠标，视频滤镜被应用到素材上，效果如图 3.17-6 所示。

图 3.17-4

图 3.17-5

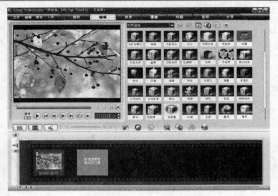

图 3.17-6

（2）在"视频滤镜"素材库右上方单击"扩大/最小化素材库"按钮，将"视频滤镜"素材库最小化。单击"属性"面板中的"自定义滤镜"按钮，弹出"锐化"对话框，在对话框中进行设置，如图 3.17-7 所示。单击"转到下一个关键帧"按钮，飞梭栏滑块移到下一个关键帧处，其他选项的设置如图 3.17-8 所示，单击"确定"按钮。在预览窗口中拖动飞梭栏滑块，在预览窗口中观看效果，如图 3.17-9 所示。

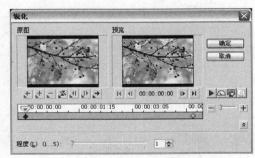

图 3.17-7

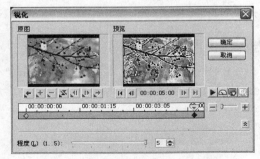

图 3.17-8

图 3.17-9

（3）单击步骤选项卡中的"分享"按钮

分享，切换至分享面板。在选项面板中单击
"创建视频文件"按钮 ，在弹出的列表中选择
"DVD/VCD/SVCD/MPEG > PAL MPEG2(720×
576，25fps)"选项，如图 3.17-10 所示。在弹出的"创
建视频文件"对话框中设置文件的名称和保存路径，
如图 3.17-11 所示，单击"保存"按钮。渲染完成，
输出的视频文件自动添加到"视频"素材库中，效
果如图 3.17-12 所示。

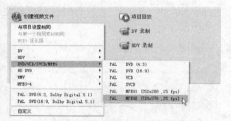

图 3.17-10

图 3.17-11

图 3.17-12

3.18 制作向外扩张效果

知识要点：使用向外扩张滤镜为视频素材制作
向外扩张效果。

3.18.1 添加视频素材

（1）启动会声会影 11，在启动面板中选择"会
声会影编辑器"选项，如图 3.18-1 所示，进入会声
会影程序主界面。

图 3.18-1

（2）选择"文件 > 将媒体文件插入到时间轴 >
插入视频"命令，在弹出的"打开视频文件夹"对
话框中选择光盘目录下"Ch03 > 素材 > 制作向外
扩张效果 > 水中石.mpg"文件，如图 3.18-2 所示，
单击"打开"按钮，所选中的视频素材被插入到故
事板中，效果如图 3.18-3 所示。

图 3.18-2

图 3.18-3

图 3.18-6

3.18.2　制作视频素材向外扩张效果

（1）单击素材库中的"画廊"按钮 ，在弹出的列表中选择"视频滤镜"，如图 3.18-4 所示。在"视频滤镜"素材库右上方单击"扩大/最小化素材库"按钮 ，将"视频滤镜"素材库展开。选择"往外扩张"滤镜并将其添加到"故事板"中的"水中石.mpg"视频素材上，如图 3.18-5 所示，释放鼠标，视频滤镜被应用到素材上，效果如图 3.18-6 所示。

（2）在"视频滤镜"素材库右上方单击"扩大/最小化素材库"按钮，将"视频滤镜"素材库最小化。单击"属性"面板中的"自定义滤镜"按钮，弹出"往外扩张"对话框，在对话框中进行设置，如图 3.18-7 所示。单击"转到下一个关键帧"按钮，飞梭栏滑块移到下一个关键帧处，其他选项的设置如图 3.18-8 所示，单击"确定"按钮。在预览窗口中拖动飞梭栏滑块，在预览窗口中观看效果，如图 3.18-9 所示。

图 3.18-4

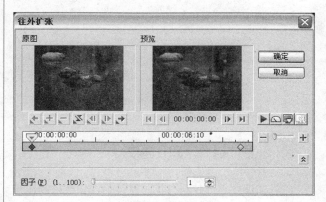

图 3.18-7

图 3.18-5

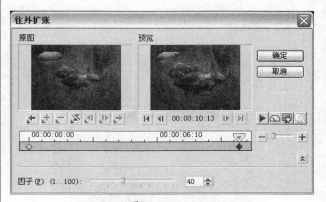

图 3.18-8

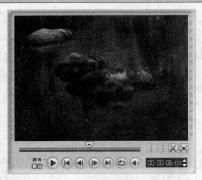

图 3.18-9

图 3.18-11

（3）单击步骤选项卡中的"分享"按钮 **分享**，切换至分享面板。在选项面板中单击"创建视频文件"按钮，在弹出的列表中选择"DVD/VCD/SVCD/MPEG > PAL MPEG2(720×576，25fps)"选项，如图 3.18-10 所示。在弹出的"创建视频文件"对话框中设置文件的名称和保存路径，如图 3.18-11 所示，单击"保存"按钮。渲染完成，输出的视频文件自动添加到"视频"素材库中，效果如图 3.18-12 所示。

图 3.18-12

图 3.18-10

3.19　制作肖像画效果

知识要点：使用肖像画滤镜为视频素材制作肖像画效果。

3.19.1　添加视频素材

（1）启动会声会影 11，在启动面板中选择"会声会影编辑器"选项，如图 3.19-1 所示，进入会声会影程序主界面。

（2）选择"文件 > 将媒体文件插入到时间轴 > 插入视频"命令，在弹出的"打开视频文件夹"对话框中选择光盘目录下"Ch03 > 素材 > 制作肖像画效果 > 水中倒影.mpg"文件，如图 3.19-2 所示，单击"打开"按钮，所选中的视频素材被插入到故事板中，效果如图 3.19-3 所示。

图 3.19-1

图 3.19-2

图 3.19-3

图 3.19-6

3.19.2　制作视频素材肖像画效果

（1）单击素材库中的"画廊"按钮■，在弹出的列表中选择"视频滤镜"选项，如图 3.19-4 所示。在"视频滤镜"素材库右上方单击"扩大/最小化素材库"按钮⊗，将"视频滤镜"素材库展开。选择"肖像画"滤镜并将其添加到"故事板"中的"水中倒影.mpg"视频素材上，如图 3.19-5 所示，释放鼠标，视频滤镜被应用到素材上，效果如图 3.19-6 所示。

（2）在"视频滤镜"素材库右上方单击"扩大/最小化素材库"按钮⊗，将"视频滤镜"素材库最小化。单击"属性"面板中的"自定义滤镜"按钮，弹出"肖像画"对话框，单击对话框下方的"镂空罩色彩"选项颜色块，在弹出的对话框中进行设置，如图 3.19-7 所示，单击"确定"按钮，返回到"肖像画"对话框中进行设置，如图 3.19-8 所示。单击"转到下一个关键帧"按钮，飞梭栏滑块移到下一个关键帧处，其他选项的设置如图 3.19-9 所示，单击"确定"按钮。在预览窗口中拖动飞梭栏滑块，在预览窗口中观看效果，如图 3.19-10 所示。

图 3.19-4

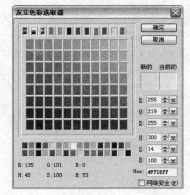

图 3.19-7

图 3.19-5

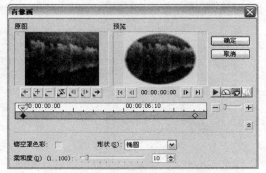

图 3.19-8

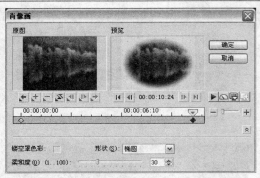

图 3.19-9

图 3.19-11

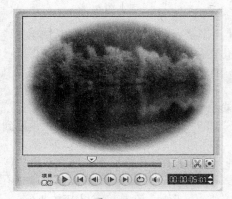

图 3.19-10

图 3.19-12

（3）单击步骤选项卡中的"分享"按钮 **分享**，切换至分享面板。在选项面板中单击"创建视频文件"按钮 ，在弹出的列表中选择" DVD/VCD/SVCD/MPEG ＞ PAL MPEG2(720 × 576，25fps)"选项，如图 3.19-11 所示。在弹出的"创建视频文件"对话框中设置文件的名称和保存路径，如图 3.19-12 所示，单击"保存"按钮。渲染完成，输出的视频文件自动添加到"视频"素材库中，效果如图 3.19-13 所示。

图 3.19-13

第4章

神奇影片转场特效

4.1 收藏夹转场特效

知识要点:使用遮罩 E 转场为遮罩制作过渡效果。

4.1.1 添加视频素材

(1)启动会声会影 11,在启动面板中选择"会声会影编辑器"选项,如图 4.1-1 所示,进入会声会影程序主界面。

图 4.1-1

(2)选择"文件 > 将媒体文件插入到时间轴 > 插入视频"命令,在弹出的"打开视频文件夹"对话框中选择光盘目录下"Ch04 > 素材 > 收藏夹转场特效 > 五彩生活 1.mpg、五彩生活 2.mpg"文件,如图 4.1-2 所示,单击"打开"按钮,弹出提示对话框,单击"确定"按钮,所有选中的视频素材被插入到故事板中,效果如图 4.1-3 所示。

图 4.1-2

图 4.1-3

4.1.2 制作遮罩过渡效果

(1)单击步骤选项卡中的"效果"按钮 效果 ,切换至效果面板。单击素材库中的"画廊"按钮 ,在弹出的列表中选择"遮罩"选项,在"遮罩"素材库中选择"遮罩 E"过渡效果并将其添加到"故事板"中的两个图像素材中间,如图 4.1-4 所示,释放鼠标,将过渡效果应用到当前项目的素材之间,效果如图 4.1-5 所示。

图 4.1-4

图 4.1-5

(2)在"遮罩 E-遮罩 E"面板中将"区间"选项设为 3 秒,如图 4.1-6 所示。在预览窗口中拖动飞梭栏滑块 ,在预览窗口中观看效果,如图 4.1-7 所示。

图 4.1-6

图 4.1-7

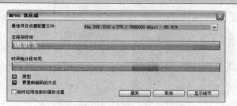

图 4.1-9

（3）单击步骤选项卡中的"分享"按钮 **分享**，切换至分享面板。在选项面板中单击"创建视频文件"按钮，在弹出的列表中选择"DVD/VCD/SVCD/MPEG > PAL MPEG2(720×576，25fps)"选项，如图 4.1-8 所示，弹出"MPEG 优化器"对话框，如图 4.1-9 所示，单击"接受"按钮，在弹出的"创建视频文件"对话框中设置文件的名称和保存路径，如图 4.1-10 所示，单击"保存"按钮。渲染完成，输出的视频文件自动添加到"视频"素材库中，效果如图 4.1-11 所示。

图 4.1-10

图 4.1-8

图 4.1-11

4.2　三维转场特效

知识要点：使用漩涡转场制作三维过渡效果。

4.2.1　添加视频素材

（1）启动会声会影 11，在启动面板中选择"会声会影编辑器"选项，如图 4.2-1 所示，进入会声会影程序主界面。

（2）选择"文件 > 将媒体文件插入到时间轴 > 插入视频"命令，在弹出的"打开视频文件夹"对话框中选择光盘目录下"Ch04 > 素材 > 三维转场特效 > 玫瑰花开.mpg、旋转玫瑰.mpg"文件，如图 4.2-2 所示，单击"打开"按钮，弹出提示对话框，单击"确定"按钮，所有选中的视频素材被插入到故事板中，效果如图 4.2-3 所示。

图 4.2-1

图 4.2-2

图 4.2-3

4.2.2 制作三维过渡效果

（1）单击步骤选项卡中的"效果"按钮 效果 ，切换至效果面板。单击素材库中的"画廊"按钮 ，在弹出的列表中选择"三维"选项，在"三维"素材库中选择"漩涡"过渡效果并将其添加到"故事板"中的两个图像素材中间，如图 4.2-4 所示，释放鼠标，将过渡效果应用到当前项目的素材之间，效果如图 4.2-5 所示。

图 4.2-4

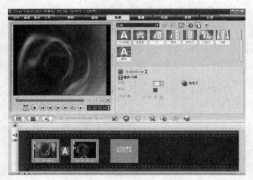

图 4.2-5

（2）在"漩涡-三维"面板中单击"自定义"按钮 ，在弹出的"漩涡-三维"对话框中进行设置，如图 4.2-6 所示，单击"确定"按钮。

图 4.2-6

（3）在"漩涡-三维"面板中将"区间"选项设为 4 秒，如图 4.2-7 所示。在预览窗口中拖动飞梭栏滑块 ，在预览窗口中观看效果，如图 4.2-8 所示。

图 4.2-7

图 4.2-8

（4）单击步骤选项卡中的"分享"按钮 分享 ，切换至分享面板。在选项面板中单击"创建视频文件"按钮 ，在弹出的列表中选择"DVD/VCD/SVCD/MPEG > PAL MPEG2(720×576，25fps)"选项，如图 4.2-9 所示，弹出"MPEG 优化器"对话框，如图 4.2-10 所示，单击"接受"按钮，在弹出的"创建视频文件"对话框中设置文件的名称和保存路径，如图 4.2-11 所示，单击"保存"按钮。渲染完成，输出的视频文件自动添加到"视频"素材库中，效果如图 4.2-12 所示。

图 4.2-9

图 4.2-10

图 4.2-11

图 4.2-12

4.3 三维转场特效 2

知识要点：使用对开门转场制作三维过渡效果。

4.3.1 添加视频素材

（1）启动会声会影 11，在启动面板中选择"会声会影编辑器"选项，如图 4.3-1 所示，进入会声会影程序主界面。

图 4.3-1

（2）选择"文件 > 将媒体文件插入到时间轴 > 插入视频"命令，在弹出的"打开视频文件夹"对话框中选择光盘目录下"Ch04 > 素材 > 三维转场特效 2 > 花.mpg、小路.mpg"文件，如图 4.3-2 所示，单击"打开"按钮，弹出提示对话框，单击"确定"按钮，所有选中的视频素材被插入到故事板中，效果如图 4.3-3 所示。

图 4.3-2

图 4.3-3

4.3.2 制作三维过渡效果

（1）单击步骤选项卡中的"效果"按钮 效果 ，切换至效果面板。单击素材库中的"画廊"按钮 ，在弹出的列表中选择"三维"选项，在"三维"素材库中选择"对开门"过渡效果并将其添加到"故事板"中的两个图像素材中间，如图 4.3-4 所示，释放鼠标,将过渡效果应用到当前项目的素材之间,效果如图 4.3-5 所示。

图 4.3-4

图 4.3-5

(2)在"对开门-三维"面板中将"区间"选项设为 3 秒,如图 4.3-6 所示。在预览窗口中拖动飞梭栏滑块,在预览窗口中观看效果,如图 4.3-7 所示。

图 4.3-6

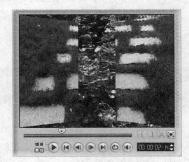

图 4.3-7

(3)单击步骤选项卡中的"分享"按钮，切换至分享面板。在选项面板中单击"创建视频文件"按钮，在弹出的列表中选择"DVD/VCD/SVCD/MPEG > PAL MPEG2(720×576, 25fps)"选项,如图 4.3-8 所示,弹出"MPEG 优化器"对话框,如图 4.3-9 所示,单击"接受"按钮,在弹出的"创建视频文件"对话框中设置文件的名称和保存路径,如图 4.3-10 所示,单击"保存"按钮。渲染完成,输出的视频文件自动添加到"视频"素材库中,效果如图 4.3-11 所示。

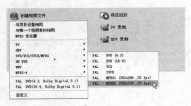

图 4.3-8

图 4.3-9

图 4.3-10

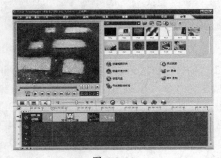

图 4.3-11

4.4 相册转场特效

知识要点:使用翻转过渡效果制作相册转场特效。

4.4.1　添加视频素材

（1）启动会声会影 11，在启动面板中选择"会声会影编辑器"选项，如图 4.4-1 所示，进入会声会影程序主界面。

图 4.4-1

（2）选择"文件 > 将媒体文件插入到时间轴 > 插入视频"命令，在弹出的"打开视频文件夹"对话框中选择光盘目录下"Ch04 > 素材 > 制作翻动相册效果 > 海豚表演.mpg、老虎.mpg、天鹅.mpg"文件，如图 4.4-2 所示，单击"打开"按钮，弹出提示对话框，单击"确定"按钮，所有选中的视频素材被插入到故事板中，效果如图 4.4-3 所示。

图 4.4-2

图 4.4-3

4.4.2　制作相册转场效果

（1）单击步骤选项卡中的"效果"按钮 效果，

切换至效果面板。单击素材库中的"画廊"按钮，在弹出的列表中选择"相册"选项，在"相册"素材库中选择"翻转"过滤效果，单击"将过滤效果应用于所有素材"按钮，在弹出的下拉列表中选择"将当前效果应用于整个项目"选项，如图 4.4-4 所示，把当前选中的过滤效果应用到当前项目的素材之间，如图 4.4-5 所示。

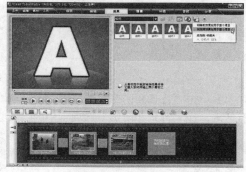

图 4.4-4

图 4.4-5

（2）在"故事面板"中选择第一个过滤效果，在选项面板中单击"自定义"按钮，弹出"翻转-相册"对话框，在弹出的对话框中选择一种合适的布局方式，如图 4.4-6 所示。

图 4.4-6

（3）在"相册"选项卡中的"相册封面模板"选项区域中选择一种图案作为相册的封面，其他选项的设置如图 4.4-7 所示。

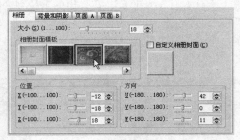

图 4.4-7

（4）单击"背景和阴影"选项卡，切换到相应的对话框，在"背景和阴影"选项卡中的"背景模板"选项区域中选择一种图案作为背景，勾选"阴影"复选框，将阴影颜色设为黑色，其他选项的设置如图 4.4-8 所示。

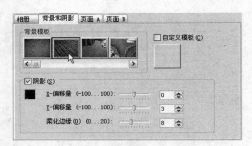

图 4.4-8

（5）单击"页面 A"选项卡，切换到相应的对话框，在"相册页面模板"选项区域中选择一种图案作为页面 A，如图 4.4-9 所示。

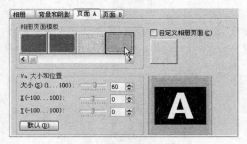

图 4.4-9

（6）单击"页面 B"选项卡，切换到相应的对话框，在"相册页面模板"选项区域中选择一种图案作为页面 B，如图 4.4-10 所示，单击"确定"按钮。

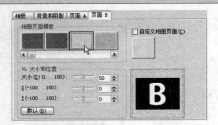

图 4.4-10

（7）在"翻转-相册"面板中将"区间"选项设置为 2 秒，如图 4.4-11 所示。

图 4.4-11

（8）使用相同的方法设置第 2 个过滤效果，在预览窗口中拖动飞梭栏滑块，在预览窗口中观看效果，如图 4.4-12 所示。

图 4.4-12

（9）单击步骤选项卡中的"分享"按钮，切换至分享面板。在选项面板中单击"创建视频文件"按钮，在弹出的列表中选择"DVD/VCD/SVCD/MPEG > PAL MPEG2(720×576, 25fps)"选项，如图 4.4-13 所示，弹出的"MPEG 优化器"对话框如图 4.4-14 所示，单击"接受"按钮，在弹出的"创建视频文件"对话框中设置文件的名称和保存路径，如图 4.4-15 所示，单击"保存"按钮。渲染完成，输出的视频文件自动添加到"视频"素材库中，效果如图 4.4-16 所示。

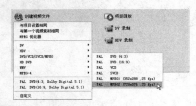

图 4.4-13

图 4.4-14

图 4.4-15

图 4.4-16

4.5　取代转场特效

知识要点：使用棋盘转场制作擦拭过渡效果。

4.5.1　添加视频素材

（1）启动会声会影 11，在启动面板中选择"会声会影编辑器"选项，如图 4.5-1 所示，进入会声会影程序主界面。

图 4.5-1

（2）选择"文件 > 将媒体文件插入到时间轴 > 插入视频"命令，在弹出的"打开视频文件夹"对话框中选择光盘目录下"Ch04 > 素材 > 取代转场特效 > 山花.avi、溪水.mpg"文件，如图 4.5-2 所示，单击"打开"按钮，弹出提示对话框，单击"确定"按钮，所有选中的视频素材被插入到故事板中，效果如图 4.5-3 所示。

图 4.5-2

图 4.5-3

4.5.2　制作棋盘过渡效果

（1）单击步骤选项卡中的"效果"按钮 效果，切换至效果面板。单击素材库中的"画廊"按钮，在弹出的列表中选择"擦拭"选项，在"擦拭"素材库中选择"棋盘"过渡效果并将其添加到"故事板"中的两个图像素材中间,如图 4.5-4 所示,释放鼠标,将过渡效果应用到当前项目的素材之间,效果如图 4.5-5 所示。

图 4.5-4

图 4.5-5

(2)在"棋盘-擦拭"面板中单击"色彩"选项的颜色块,在弹出的调色板中选择需要的颜色,其他选项的设置如图 4.5-6 所示。在预览窗口中拖动飞梭栏滑块,在预览窗口中观看效果,如图 4.5-7 所示。

图 4.5-6

图 4.5-7

(3)单击步骤选项卡中的"分享"按钮,切换至分享面板。在选项面板中单击"创建视频文件"按钮,在弹出的列表中选择"DVD/VCD/SVCD/MPEG > PAL MPEG2(720×576,25fps)"选项,如图 4.5-8 所示,弹出"MPEG 优化器"对话框,如图 4.5-9 所示,单击"接受"按钮,在弹出的"创建视频文件"对话框中设置文件的名称和保存路径,如图 4.5-10 所示,单击"保存"按钮。渲染完成,输出的视频文件自动添加到"视频"素材库中,效果如图 4.5-11 所示。

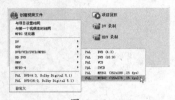

图 4.5-8

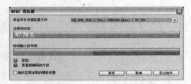

图 4.5-9

图 4.5-10

图 4.5-11

4.6 时钟转场特效

知识要点:使用扭曲转场制作时钟过渡效果。

4.6.1 添加视频素材

（1）启动会声会影 11，在启动面板中选择"会声会影编辑器"选项，如图 4.6-1 所示，进入会声会影程序主界面。

图 4.6-1

（2）选择"文件 > 将媒体文件插入到时间轴 > 插入视频"命令，在弹出的"打开视频文件夹"对话框中选择光盘目录下"Ch04 > 素材 > 时钟转场特效 > 花簇 1.mpg、花簇 2.mpg"文件，如图 4.6-2 所示，单击"打开"按钮，弹出提示对话框，单击"确定"按钮，所有选中的视频素材被插入到故事板中，效果如图 4.6-3 所示。

图 4.6-2

图 4.6-3

4.6.2 制作时钟过渡效果

（1）单击步骤选项卡中的"效果"按钮 <u>效果</u>，切换至效果面板。单击素材库中的"画廊"按钮，在弹出的列表中选择"时钟"选项，在"时钟"素材库中选择"扭曲"过渡效果并将其添加到"故事板"中的两个图像素材中间，如图 4.6-4 所示，释放鼠标，将过渡效果应用到当前项目的素材之间，效果如图 4.6-5 所示。

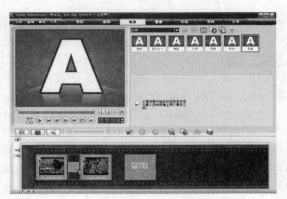

图 4.6-4

图 4.6-5

（2）在"扭曲-时钟"面板中将"区间"选项设为 2 秒，"色彩"选项设为白色，在"方向"选项组中单击"逆时针"按钮，其他选项的设置如图 4.6-6 所示。在预览窗口中拖动飞梭栏滑块，在预览窗口中观看效果，如图 4.6-7 所示。

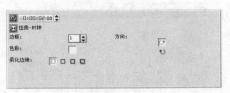

图 4.6-6

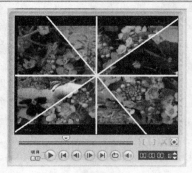

图 4.6-7

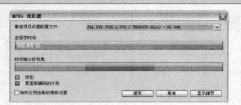

图 4.6-9

（3）单击步骤选项卡中的"分享"按钮
分享，切换至分享面板。在选项面板中单击
"创建视频文件"按钮，在弹出的列表中选择
"DVD/VCD/SVCD/MPEG > PAL MPEG2(720×576,
25fps)"选项，如图 4.6-8 所示，弹出"MPEG 优化
器"对话框，如图 4.6-9 所示，单击"接受"按钮，
在弹出的"创建视频文件"对话框中设置文件的名称
和保存路径，如图 4.6-10 所示，单击"保存"按钮。
渲染完成，输出的视频文件自动添加到"视频"素材
库中，效果如图 4.6-11 所示。

图 4.6-10

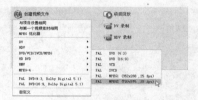

图 4.6-8

图 4.6-11

4.7 过滤转场特效

知识要点：使用遮罩转场为视频素材制作过滤
过渡效果。

4.7.1 添加视频素材

（1）启动会声会影 11，在启动面板中选择"会
声会影编辑器"选项，如图 4.7-1 所示，进入会声会
影程序主界面。

图 4.7-1

（2）选择"文件 > 将媒体文件插入到时间轴 >
插入视频"命令，在弹出的"打开视频文件夹"对
话框中选择光盘目录下"Ch04 > 素材 > 过滤转场
特效 > 船.mpg、飞机.mpg"文件，如图 4.7-2 所示，
单击"打开"按钮，弹出提示对话框，单击"确定"
按钮，所有选中的视频素材被插入到故事板中，效
果如图 4.7-3 所示。

图 4.7-2

图 4.7-3

4.7.2 制作过滤过渡效果

（1）单击步骤选项卡中的"效果"按钮 效果 ，切换至效果面板。单击素材库中的"画廊"按钮 ，在弹出的列表中选择"过滤"选项，在"过滤"素材库中选择"遮罩"过渡效果并将其添加到"故事板"中的两个图像素材中间，如图 4.7-4 所示，释放鼠标，将过渡效果应用到当前项目的素材之间，效果如图 4.7-5 所示。

图 4.7-4

图 4.7-5

（2）在"遮罩-过滤"面板中将"区间"设为 3

秒，"色彩"选项设为白色，其他选项的设置如图 4.7-6 所示。在预览窗口中拖动飞梭栏滑块 ，在预览窗口中观看效果，如图 4.7-7 所示。

图 4.7-6

图 4.7-7

（3）单击步骤选项卡中的"分享"按钮 分享 ，切换至分享面板。在选项面板中单击"创建视频文件"按钮 ，在弹出的列表中选择"DVD/VCD/SVCD/MPEG > PAL MPEG2(720×576，25fps)"选项，如图 4.7-8 所示，弹出"MPEG 优化器"对话框，如图 4.7-9 所示，单击"接受"按钮，在弹出的"创建视频文件"对话框中设置文件的名称和保存路径，如图 4.7-10 所示，单击"保存"按钮。渲染完成，输出的视频文件自动添加到"视频"素材库中，效果如图 4.7-11 所示。

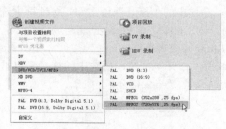

图 4.7-8

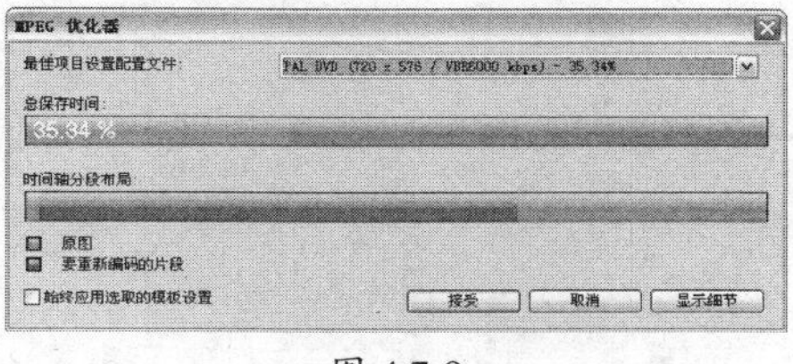

图 4.7-9

图 4.7-10

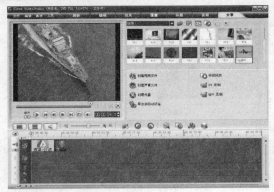

图 4.7-11

4.8　过滤转场特效 2

知识要点：使用刻录滤镜为视频素材制作燃烧特效。

4.8.1　添加视频素材

（1）启动会声会影 11，在启动面板中选择"会声会影编辑器"选项，如图 4.8-1 所示，进入会声会影程序主界面。

图 4.8-1

（2）单击"视频"素材库中的"加载视频"按钮，在弹出的"打开视频文件"对话框中选择光盘目录下"Ch04 > 素材 > 过滤转场特效 2 > 山雾缭绕 1.mpg、山雾缭绕 2.mpg"文件，如图 4.8-2 所示，单击"打开"按钮，所选中的视频素材被添加到素材库中，效果如图 4.8-3 所示。

图 4.8-2

图 4.8-3

（3）在素材库中分别选择"山雾缭绕 1.mpg、山雾缭绕 2.mpg"，按住鼠标左键将其拖曳至"故事板"上，释放鼠标，效果如图 4.8-4 所示。

图 4.8-4

4.8.2　制作视频素材燃烧效果

（1）单击步骤选项卡中的"效果"按钮 效果，切换至效果面板。单击素材库中的"画廊"按钮 ，在弹出的列表中选择"过滤"选项，在"过滤"素材库中选择"刻录"过渡效果并将其添加到"故事板"中的两个图像素材中间，如图 4.8-5 所示，释放鼠标，将过渡效果应用到当前项目的素材之间，效果如图 4.8-6 所示。

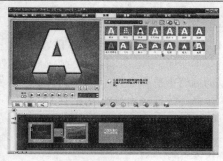

图 4.8-5

图 4.8-6

（2）在"刻录-过滤"面板中将"区间"选项设为 3 秒，如图 4.8-7 所示。在预览窗口中拖动飞梭栏滑块，在预览窗口中观看效果，如图 4.8-8 所示。

图 4.8-7

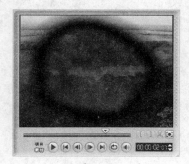

图 4.8-8

（3）单击步骤选项卡中的"分享"按钮 分享 ，切换至分享面板。在选项面板中单击

"创建视频文件"按钮 ，在弹出的列表中选择" DVD/VCD/SVCD/MPEG ＞ PAL MPEG2(720 × 576，25fps)"选项，如图 4.8-9 所示，弹出"MPEG 优化器"对话框，如图 4.8-10 所示，单击"接受"按钮，在弹出的"创建视频文件"对话框中设置文件的名称和保存路径，如图 4.8-11 所示，单击"保存"按钮。渲染完成，输出的视频文件自动添加到"视频"素材库中，效果如图 4.8-12 所示。

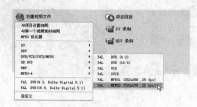

图 4.8-9

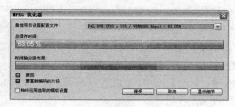

图 4.8-10

图 4.8-11

图 4.8-12

4.9 胶片转场特效

知识要点：使用拍打 A 转场制作胶片过渡效果。

4.9.1 添加视频素材

（1）启动会声会影 11，在启动面板中选择"会声会影编辑器"选项，如图 4.9-1 所示，进入会声会影程序主界面。

图 4.9-1

（2）选择"文件 > 将媒体文件插入到时间轴 > 插入视频"命令，在弹出的"打开视频文件夹"对话框中选择光盘目录下"Ch04 > 素材 > 胶片转场特效 > 鱼 1.mpg、鱼 2.mpg"文件，如图 4.9-2 所示，单击"打开"按钮，弹出提示对话框，单击"确定"按钮，所有选中的视频素材被插入到故事板中，效果如图 4.9-3 所示。

图 4.9-2

图 4.9-3

4.9.2 制作胶片过渡效果

（1）单击步骤选项卡中的"效果"按钮 效果 ，切换至效果面板。单击素材库中的"画廊"按钮 ，在弹出的列表中选择"胶片"选项，在"胶片"素材库中选择"拍打 A"过渡效果并将其添加到"故事板"中的两个图像素材中间，如图 4.9-4 所示，释放鼠标，将过渡效果应用到当前项目的素材之间，效果如图 4.9-5 所示。

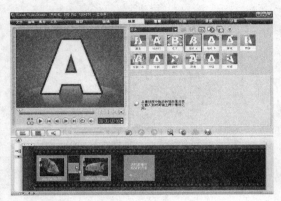

图 4.9-4

图 4.9-5

（2）在"拍打 A-底片"面板中将"区间"设为 3 秒，如图 4.9-6 所示。在预览窗口中拖动飞梭栏滑块 ，在预览窗口中观看效果，如图 4.9-7 所示。

图 4.9-6

图 4.9-7

（3）单击步骤选项卡中的"分享"按钮

图 4.9-9

，切换至分享面板。在选项面板中单击
"创建视频文件"按钮，在弹出的列表中选择
"DVD/VCD/SVCD/MPEG > PAL MPEG2(720×576,
25fps)"选项，如图 4.9-8 所示，弹出"MPEG 优化
器"对话框，如图 4.9-9 所示，单击"接受"按钮，
在弹出的"创建视频文件"对话框中设置文件的名称
和保存路径，如图 4.9-10 所示，单击"保存"按钮。
渲染完成，输出的视频文件自动添加到"视频"素材
库中，效果如图 4.9-11 所示。

图 4.9-10

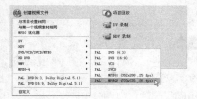

图 4.9-8

图 4.9-11

4.10 闪光转场特效

知识要点：使用 FB12 转场制作视频素材闪光
过渡效果。

4.10.1 添加视频素材

（1）启动会声会影 11，在启动面板中选择"会
声会影编辑器"选项，如图 4.10-1 所示，进入会声
会影程序主界面。

图 4.10-1

（2）选择"文件 > 将媒体文件插入到时间轴 >
插入视频"命令，在弹出的"打开视频文件夹"对
话框中选择光盘目录下"Ch04 > 素材 > 闪光转场
特效 > 办公楼外景.mpg、跳舞小区内.mpg"文件，
如图 4.10-2 所示，单击"打开"按钮，弹出提示对
话框，单击"确定"按钮，所有选中的视频素材被
插入到故事板中，效果如图 4.10-3 所示。

图 4.10-2

图 4.10-3

4.10.2 制作闪光过渡效果

（1）单击步骤选项卡中的"效果"按钮 效果，切换至效果面板。单击素材库中的"画廊"按钮 ，在弹出的列表中选择"闪光"选项，在"闪光"素材库中选择"FB12"过渡效果并将其添加到"故事板"中的两个图像素材中间，如图 4.10-4 所示，释放鼠标，将过渡效果应用到当前项目的素材之间，效果如图 4.10-5 所示。

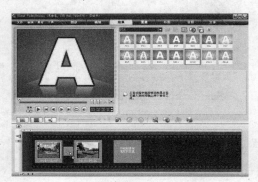

图 4.10-4

图 4.10-5

（2）在"FB12-闪光"面板中单击"自定义"按钮 ，在弹出的对话框中进行设置，如图 4.10-6 所示，单击"确定"按钮。在预览窗口中拖动飞梭栏

滑块 ，在预览窗口中观看效果，如图 4.10-7 所示。

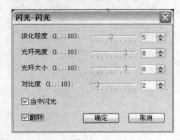

图 4.10-6

图 4.10-7

（3）单击步骤选项卡中的"分享"按钮 分享 ，切换至分享面板。在选项面板中单击"创建视频文件"按钮 ，在弹出的列表中选择"DVD/VCD/SVCD/MPEG > PAL MPEG2(720 × 576，25fps)"选项，如图 4.10-8 所示，弹出"MPEG优化器"对话框，如图 4.10-9 所示，单击"接受"按钮，在弹出的"创建视频文件"对话框中设置文件的名称和保存路径，如图 4.10-10 所示，单击"保存"按钮。渲染完成，输出的视频文件自动添加到"视频"素材库中，效果如图 4.10-11 所示。

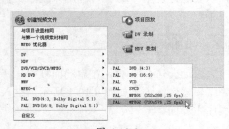

图 4.10-8

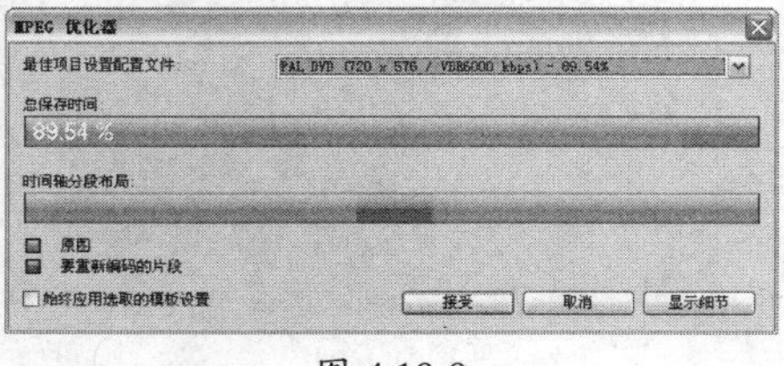

图 4.10-9

图 4.10-10

图 4.10-11

4.11 遮罩转场特效

知识要点: 使用遮罩 C 过渡效果为视频素材制作遮罩过渡效果。

4.11.1 添加视频素材

(1)启动会声会影 11,在启动面板中选择"会声会影编辑器"选项,如图 4.11-1 所示,进入会声会影程序主界面。

图 4.11-1

(2)选择"文件 > 将媒体文件插入到时间轴 > 插入视频"命令,在弹出的"打开视频文件夹"对话框中选择光盘目录下"Ch04 > 素材 > 遮罩转场特效 > 荷花.avi、荷花池中亭子.avi"文件,如图 4.11-2 所示,单击"打开"按钮,弹出提示对话框,单击"确定"按钮,所有选中的视频素材被插入到故事板中,效果如图 4.11-3 所示。

图 4.11-2

图 4.11-3

4.11.2 制作遮罩过滤效果

(1)单击步骤选项卡中的"效果"按钮 效果 ,切换至效果面板。单击素材库中的"画廊"按钮 ,在弹出的列表中选择"遮罩"选项,在"遮罩"素材库中选择"遮罩 C"过渡效果并将其添加到"故事板"中的两个图像素材中间,如图 4.11-4 所示,释放鼠标,将过渡效果应用到当前项目的素材之间,效果如图 4.11-5 所示。

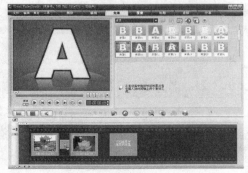

图 4.11-4

图 4.11-5

（2）在"遮罩 C-遮罩 C"面板中将"区间"选项设为 3 秒，如图 4.11-6 所示。在预览窗口中拖动飞梭栏滑块，在预览窗口中观看效果，如图 4.11-7 所示。

图 4.11-6

图 4.11-7

（3）单击步骤选项卡中的"分享"按钮，切换至分享面板。在选项面板中单击

"创建视频文件"按钮，在弹出的列表中选择" DVD/VCD/SVCD/MPEG ＞ PAL MPEG2(720 × 576，25fps)"选项，如图 4.11-8 所示，在弹出的"创建视频文件"对话框中设置文件的名称和保存路径，如图 4.11-9 所示，单击"保存"按钮。渲染完成，输出的视频文件自动添加到"视频"素材库中，效果如图 4.11-10 所示。

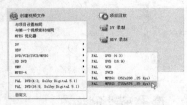

图 4.11-8

图 4.11-9

图 4.11-10

4.12　果皮转场特效

知识要点：使用对开门转场制作果皮过渡效果。

4.12.1　添加视频素材

（1）启动会声会影 11，在启动面板中选择"会声会影编辑器"选项，如图 4.12-1 所示，进入会声会影程序主界面。

图 4.12-1

（2）选择"文件 > 将媒体文件插入到时间轴 >
插入视频"命令，在弹出的"打开视频文件夹"对
话框中选择光盘目录下"Ch04 > 素材 > 果皮转场
特效 > 礼花 1.mpg、礼花 2.mpg"文件，如图 4.12-2
所示，单击"打开"按钮，弹出提示对话框，单击
"确定"按钮，所有选中的视频素材被插入到故事板
中，效果如图 4.12-3 所示。

图 4.12-2

图 4.12-3

4.12.2　制作果皮过渡效果

（1）单击步骤选项卡中的"效果"按钮 效果 ，
切换至效果面板。单击素材库中的"画廊"按钮 ，
在弹出的列表中选择"果皮"选项，在"果皮"素
材库中选择"对开门"过渡效果并将其添加到"故
事板"中的两个图像素材中间，如图 4.12-4 所示，
释放鼠标，将过渡效果应用到当前项目的素材之间，
效果如图 4.12-5 所示。

图 4.12-4

图 4.12-5

（2）在"对开门-果皮"面板中将"区间"设为
3 秒，单击"色彩"选项的颜色块，在弹出的调色
板中选择需要的色彩，其他选项的设置如图 4.12-6
所示。在预览窗口中拖动飞梭栏滑块 ，在预览窗
口中观看效果，如图 4.12-7 所示。

图 4.12-6

图 4.12-7

（3）单击步骤选项卡中的"分享"按钮 **分享**，切换至分享面板。在选项面板中单击"创建视频文件"按钮，在弹出的列表中选择"DVD/VCD/SVCD/MPEG > PAL MPEG2(720×576，25fps)"选项，如图 4.12-8 所示，弹出"MPEG优化器"对话框，如图 4.12-9 所示，单击"接受"按钮，在弹出的"创建视频文件"对话框中设置文件的名称和保存路径，如图 4.12-10 所示，单击"保存"按钮。渲染完成，输出的视频文件自动添加到"视频"素材库中，效果如图 4.12-11 所示。

图 4.12-10

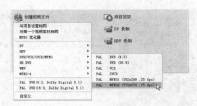

图 4.12-8

图 4.12-11

图 4.12-9

4.13 推动转场特效

知识要点：使用推动转场制作横条过渡效果。

4.13.1 添加视频素材

（1）启动会声会影 11，在启动面板中选择"会声会影编辑器"选项，如图 4.13-1 所示，进入会声会影程序主界面。

图 4.13-1

（2）选择"文件 > 将媒体文件插入到时间轴 > 插入视频"命令，在弹出的"打开视频文件夹"对

话框中选择光盘目录下"Ch04 > 素材 > 推动转场特效 > 快乐生活.mpg、水车.mpg"文件，如图 4.13-2 所示，单击"打开"按钮，弹出提示对话框，单击"确定"按钮，将所有选中的视频素材插入到故事板中，效果如图 4.13-3 所示。

图 4.13-2

图 4.13-3

4.13.2 制作横条过渡效果

（1）单击步骤选项卡中的"效果"按钮 效果 ，切换至效果面板。单击素材库中的"画廊"按钮 ，在弹出的列表中选择"推动"选项，在"推动"素材库中选择"横条"过渡效果并将其添加到"故事板"中的两个图像素材中间，如图 4.13-4 所示，释放鼠标，将过渡效果应用到当前项目的素材之间，效果如图 4.13-5 所示。

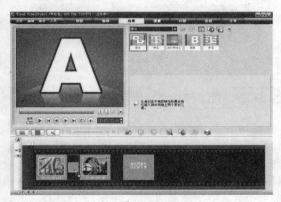

图 4.13-4

图 4.13-5

（2）在"横条-推动"面板中将"区间"选项设为 2 秒，"色彩"选项设为白色，其他选项的设置如图 4.13-6 所示。在预览窗口中拖动飞梭栏滑块 ，在预览窗口中观看效果，如图 4.13-7 所示。

图 4.13-6

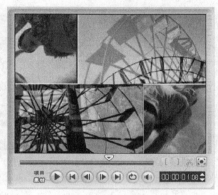

图 4.13-7

（3）单击步骤选项卡中的"分享"按钮 分享 ，切换至分享面板。在选项面板中单击"创建视频文件"按钮 ，在弹出的列表中选择"DVD/VCD/SVCD/MPEG > PAL MPEG2(720×576，25fps)"选项，如图 4.13-8 所示，弹出"MPEG 优化器"对话框，如图 4.13-9 所示，单击"接受"按钮，在弹出的"创建视频文件"对话框中设置文件的名称和保存路径，如图 4.13-10 所示，单击"保存"按钮。渲染完成，输出的视频文件自动添加到"视频"素材库中，效果如图 4.13-11 所示。

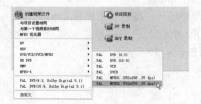

图 4.13-8

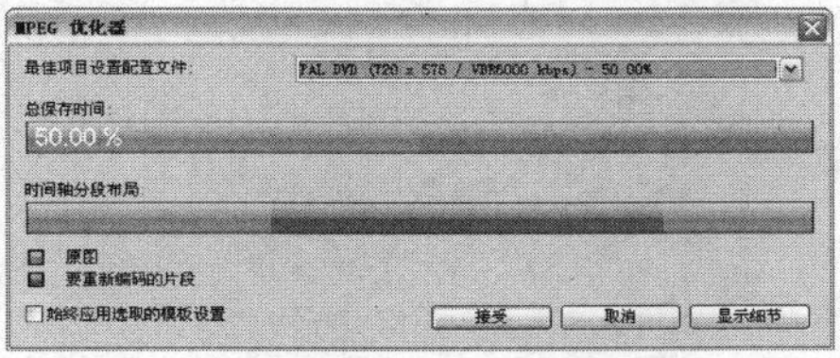

图 4.13-9

图 4.13-10

图 4.13-11

4.14　卷动转场特效

知识要点：使用渐进转场制作卷动过渡效果。

4.14.1　添加视频素材

（1）启动会声会影 11，在启动面板中选择"会声会影编辑器"选项，如图 4.14-1 所示，进入会声会影程序主界面。

图 4.14-1

（2）选择"文件 > 将媒体文件插入到时间轴 > 插入视频"命令，在弹出的"打开视频文件夹"对话框中选择光盘目录下"Ch04 > 素材 > 卷动转场特效 > 飞机.mpg、交通.mpg"文件，如图 4.14-2 所示，单击"打开"按钮，弹出提示对话框，单击"确定"按钮，所有选中的视频素材被插入到故事板中，效果如图 4.14-3 所示。

图 4.14-3

4.14.2　制作卷动过渡效果

（1）单击步骤选项卡中的"效果"按钮 效果 ，切换至效果面板。单击素材库中的"画廊"按钮 ，在弹出的列表中选择"卷动"选项，在"卷动"素材库中选择"渐进"过渡效果并将其添加到"故事板"中的两个图像素材中间，如图 4.14-4 所示，释放鼠标，将过渡效果应用到当前项目的素材之间，效果如图 4.14-5 所示。

图 4.14-4

图 4.14-2

图 4.14-5

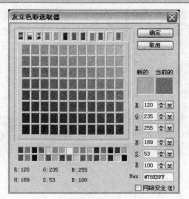

图 4.14-7

（2）在"渐进-卷动"面板中将"区间"设为 2 秒，如图 4.14-6 所示，单击"色彩"选项的颜色块，在弹出的面板中选择"友立色彩选取器"选项，在弹出的对话框中进行设置，如图 4.14-7 所示，单击"确定"按钮。在预览窗口中拖动飞梭栏滑块▽，在预览窗口中观看效果，如图 4.14-8 所示。

图 4.14-6

图 4.14-8

4.15　旋转转场特效

知识要点：使用分割板转场制作旋转过渡效果。

4.15.1　添加视频素材

（1）启动会声会影 11，在启动面板中选择"会声会影编辑器"选项，如图 4.15-1 所示，进入会声会影程序主界面。

图 4.15-1

（2）选择"文件 > 将媒体文件插入到时间轴 >

插入视频"命令，在弹出的"打开视频文件夹"对话框中选择光盘目录下"Ch04 > 素材 > 旋转转场特效 > 唱戏 1.mpg、唱戏 2.mpg"文件，如图 4.15-2 所示，单击"打开"按钮，弹出提示对话框，单击"确定"按钮，将所有选中的视频素材插入到故事板中，效果如图 4.15-3 所示。

图 4.15-2

图 4.15-3

4.15.2　制作旋转过渡效果

（1）单击步骤选项卡中的"效果"按钮 效果，切换至效果面板。单击素材库中的"画廊"按钮 ，在弹出的列表中选择"旋转"选项，在"旋转"素材库中选择"分割板"过渡效果并将其添加到"故事板"中的两个图像素材中间，如图 4.15-4 所示，释放鼠标，将过渡效果应用到当前项目的素材之间，效果如图 4.15-5 所示。

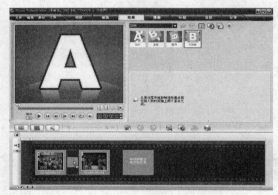

图 4.15-4

图 4.15-5

（2）在"分割板-旋转"面板中将"区间"选项设为 3 秒，其他选项的设置如图 4.15-6 所示。在预览窗口中拖动飞梭栏滑块 ，在预览窗口中观看效果，如图 4.15-7 所示。

图 4.15-6

图 4.15-7

（3）单击步骤选项卡中的"分享"按钮 分享，切换至分享面板。在选项面板中单击"创建视频文件"按钮 ，在弹出的列表中选择"DVD/VCD/SVCD/MPEG > PAL MPEG2(720×576，25fps)"选项，如图 4.15-8 所示，弹出"MPEG 优化器"对话框，如图 4.15-9 所示，单击"接受"按钮，在弹出的"创建视频文件"对话框中设置文件的名称和保存路径，如图 4.15-10 所示，单击"保存"按钮。渲染完成，输出的视频文件自动添加到"视频"素材库中，效果如图 4.15-11 所示。

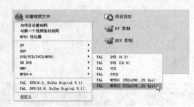

图 4.15-8

图 4.15-9

图 4.15-10

图 4.15-11

4.16 滑动转场特效

知识要点：使用彩带转场制作滑动过渡效果。

4.16.1 添加视频素材

（1）启动会声会影 11，在启动面板中选择"会声会影编辑器"选项，如图 4.16-1 所示，进入会声会影程序主界面。

图 4.16-1

（2）选择"文件 > 将媒体文件插入到时间轴 > 插入视频"命令，在弹出的"打开视频文件夹"对话框中选择光盘目录下"Ch04 > 素材 > 滑动转场特效 > 公路 1.mpg、公路 2.mpg"文件，如图 4.16-2 所示，单击"打开"按钮，弹出提示对话框，单击"确定"按钮，所有选中的视频素材被插入到故事板中，效果如图 4.16-3 所示。

图 4.16-2

图 4.16-3

4.16.2 制作滑动过渡效果

（1）单击步骤选项卡中的"效果"按钮 效果 ，切换至效果面板。单击素材库中的"画廊"按钮，在弹出的列表中选择"滑动"选项，在"滑动"素材库中选择"彩带"过渡效果并将其添加到"故事板"中的两个图像素材中间，如图 4.16-4 所示，释放鼠标，将过渡效果应用到当前项目的素材之间，效果如图 4.16-5 所示。

图 4.16-4

图 4.16-5

（2）在"彩带-滑动"面板中将"区间"设为 3 秒，其他选项的设置如图 4.16-6 所示。在预览窗口中拖动飞梭栏滑块 ▽，在预览窗口中观看效果，如图 4.16-7 所示。

图 4.16-6

图 4.16-7

（3）单击步骤选项卡中的"分享"按钮 分享，切换至分享面板。在选项面板中单击"创建视频文件"按钮 ，在弹出的列表中选择"DVD/VCD/SVCD/MPEG>PAL MPEG2(720×576, 25fps)"选项，如图 4.16-8 所示，弹出"MPEG 优化器"对话框，如图 4.16-9 所示，单击"接受"按

钮，在弹出的"创建视频文件"对话框中设置文件的名称和保存路径，如图 4.16-10 所示，单击"保存"按钮。渲染完成，输出的视频文件自动添加到"视频"素材库中，效果如图 4.16-11 所示。

图 4.16-8

图 4.16-9

图 4.16-10

图 4.16-11

4.17 伸展转场特效

知识要点： 使用对开门转场制作伸展过渡效果。

4.17.1 添加视频素材

（1）启动会声会影 11，在启动面板中选择"会

声会影编辑器"选项，如图 4.17-1 所示，进入会声会影程序主界面。

图 4.17-1

（2）选择"文件 > 将媒体文件插入到时间轴 > 插入视频"命令，在弹出的"打开视频文件夹"对话框中选择光盘目录下"Ch04 > 素材 > 伸展转场特效 > 蝴蝶采花粉 1.mpg、蝴蝶采花粉 2.mpg"文件，如图 4.17-2 所示，单击"打开"按钮，弹出提示对话框，单击"确定"按钮，所有选中的视频素材被插入到故事板中，效果如图 4.17-3 所示。

图 4.17-2

图 4.17-3

4.17.2 制作伸展过渡效果

（1）单击步骤选项卡中的"效果"按钮 效果 ，切换至效果面板。单击素材库中的"画廊"按钮 ，在弹出的列表中选择"伸展"选项，在"伸展"素材库中选择"对开门"过渡效果并将其添加到"故事板"中的两个图像素材中间，如图 4.17-4 所示，

释放鼠标，将过渡效果应用到当前项目的素材之间，效果如图 4.17-5 所示。

图 4.17-4

图 4.17-5

（2）在"对开门-伸展"面板中将"区间"选项设为 3 秒，其他选项的设置如图 4.17-6 所示。在预览窗口中拖动飞梭栏滑块 ，在预览窗口中观看效果，如图 4.17-7 所示。

图 4.17-6

图 4.17-7

（3）单击步骤选项卡中的"分享"按钮 **分享** ，切换至分享面板。在选项面板中单击"创建视频文件"按钮，在弹出的列表中选择"DVD/VCD/SVCD/MPEG > PAL MPEG2(720×576，25fps)"选项，如图 4.17-8 所示，弹出"MPEG优化器"对话框，如图 4.17-9 所示，单击"接受"按钮，在弹出的"创建视频文件"对话框中设置文件的名称和保存路径，如图 4.17-10 所示，单击"保存"按钮。渲染完成，输出的视频文件自动添加到"视频"素材库中，效果如图 4.17-11 所示。

图 4.17-10

图 4.17-8

图 4.17-11

图 4.17-9

4.18 擦拭转场特效

知识要点：使用流动转场制作擦拭过渡效果。

4.18.1 添加视频素材

（1）启动会声会影 11，在启动面板中选择"会声会影编辑器"选项，如图 4.18-1 所示，进入会声会影程序主界面。

图 4.18-1

（2）选择"文件 > 将媒体文件插入到时间轴 > 插入视频"命令，在弹出的"打开视频文件夹"对话框中选择光盘目录下"Ch04 > 素材 > 擦拭转场特效 > 水仙花 1.mpg、水仙花 2.mpg"文件，如图 4.18-2 所示，单击"打开"按钮，弹出提示对话框，单击"确定"按钮，所有选中的视频素材被插入到故事板中，效果如图 4.18-3 所示。

图 4.18-2

图 4.18-3

4.18.2　制作擦拭过渡效果

（1）单击步骤选项卡中的"效果"按钮 效果，切换至效果面板。单击素材库中的"画廊"按钮，在弹出的列表中选择"擦拭"选项，在"擦拭"素材库中选择"流动"过渡效果并将其添加到"故事板"中的两个图像素材中间，如图 4.18-4 所示，释放鼠标，过渡效果应用到当前项目的素材之间，效果如图 4.18-5 所示。

图 4.18-4

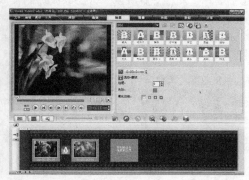

图 4.18-5

（2）在"流动-擦拭"面板中将"区间"设为 3 秒，"色彩"设为白色，其他选项的设置如图 4.18-6 所示。在预览窗口中拖动飞梭栏滑块，在预览窗

口中观看效果，如图 4.18-7 所示。

图 4.18-6

图 4.18-7

（3）单击步骤选项卡中的"分享"按钮 分享，切换至分享面板。在选项面板中单击"创建视频文件"按钮，在弹出的列表中选择"DVD/VCD/SVCD/MPEG>PAL MPEG2(720×576，25fps)"选项，如图 4.18-8 所示，弹出"MPEG 优化器"对话框，如图 4.18-9 所示，单击"接受"按钮，在弹出的"创建视频文件"对话框中设置文件的名称和保存路径，如图 4.18-10 所示，单击"保存"按钮。渲染完成，输出的视频文件自动添加到"视频"素材库中，效果如图 4.18-11 所示。

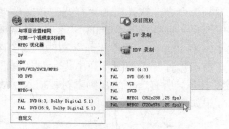

图 4.18-8

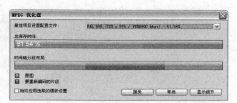

图 4.18-9

图 4.18-10

图 4.18-11

4.19 擦拭转场特效 2

知识要点： 使用菱形转场制作擦拭过渡效果。

4.19.1 添加视频素材

（1）启动会声会影 11，在启动面板中选择"会声会影编辑器"选项，如图 4.19-1 所示，进入会声会影程序主界面。

图 4.19-1

（2）选择"文件 > 将媒体文件插入到时间轴 > 插入视频"命令，在弹出的"打开视频文件夹"对话框中选择光盘目录下"Ch04 > 素材 > 擦拭转场特效 2 > 草丛.mpg、滑梯.mpg"文件，如图 4.19-2 所示，单击"打开"按钮，弹出提示对话框，单击"确定"按钮，所有选中的视频素材被插入到故事板中，效果如图 4.19-3 所示。

图 4.19-2

图 4.19-3

4.19.2 制作菱形过渡效果

（1）单击步骤选项卡中的"效果"按钮 <效果>，切换至效果面板。单击素材库中的"画廊"按钮 <>，在弹出的列表中选择"擦拭"选项，在"擦拭"素材库中选择"菱形"过渡效果并将其添加到"故事板"中的两个图像素材中间，如图 4.19-4 所示，释放鼠标，将过渡效果应用到当前项目的素材之间，效果如图 4.19-5 所示。

图 4.19-4

图 4.19-5

（2）在"菱形-擦拭"面板中将"区间"选项设为 3 秒，其他选项的设置如图 4.19-6 所示。在预览窗口中拖动飞梭栏滑块 ，在预览窗口中观看效果，如图 4.19-7 所示。

图 4.19-6

图 4.19-7

（3）单击步骤选项卡中的"分享"按钮 分享 ，切换至分享面板。在选项面板中单击"创建视频文件"按钮 ，在弹出的列表中选择" DVD/VCD/SVCD/MPEG ＞ PAL MPEG2(720 × 576，25fps)"选项，如图 4.19-8 所示，弹出"MPEG 优化器"对话框，如图 4.19-9 所示，单击"接受"

按钮，在弹出的"创建视频文件"对话框中设置文件的名称和保存路径，如图 4.19-10 所示，单击"保存"按钮。渲染完成，输出的视频文件自动添加到"视频"素材库中，效果如图 4.19-11 所示。

图 4.19-8

图 4.19-9

图 4.19-10

图 4.19-11

读书笔记

第5章

生动的覆叠效果

5.1 带有边框的画中画效果

知识要点：使用遮罩和色度键按钮添加覆叠素材白色边框。使用暂停区间前旋转按钮制作覆叠素材动画效果。

5.1.1 添加视频素材

（1）启动会声会影 11，在启动面板中选择"会声会影编辑器"选项，如图 5.1-1 所示，进入会声会影程序主界面。

图 5.1-1

（2）单击"视频"素材库中的"加载视频"按钮📁，在弹出的"打开视频文件"对话框中选择光盘目录下"Ch05 > 素材 > 带有边框的画中画效果 > 打高尔夫球 01.mpg、打高尔夫球 02.mpg"文件，如图 5.1-2 所示，单击"打开"按钮，弹出提示对话框，单击"确定"按钮，所有选中的视频素材被添加到素材库中，效果如图 5.1-3 所示。

图 5.1-2

图 5.1-3

（3）单击"时间轴"面板中的"时间轴视图"按钮 ▤，切换到时间轴视图。在素材库中选择"打高尔夫球 01.mpg"，按住鼠标左键将其拖曳至"视频轨"上，释放鼠标，效果如图 5.1-4 所示。

图 5.1-4

（4）在素材库中选择"打高尔夫球 02.mpg"，按住鼠标左键将其拖曳至"覆叠轨"上，释放鼠标，效果如图 5.1-5 所示。

图 5.1-5

5.1.2 制作覆叠素材动画效果

（1）单击"属性"面板中的"遮罩和色度键"按钮🖼，打开覆叠选项面板，将"边框色彩"选项设为白色，其他选项的设置如图 5.1-6 所示。

图 5.1-6

（2）单击折叠按钮⊗，关闭覆叠选项面板。在"属性"面板中设置覆叠素材的"方向/样式"，如图 5.1-7 所示。

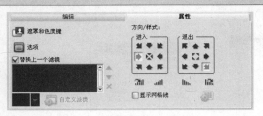

图 5.1-7

（3）在"属性"面板中单击"暂停区间前旋转"按钮，给覆叠素材添加暂停区间前旋转效果，如图 5.1-8 所示。在预览窗口中拖动飞梭栏滑块，在预览窗口中观看效果，如图 5.1-9 所示。

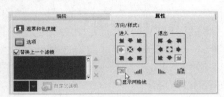

图 5.1-8

图 5.1-9

（4）单击步骤选项卡中的"分享"按钮，切换至分享面板。在选项面板中单击"创建视频文件"按钮，在弹出的列表中选择"DVD/VCD/SVCD/MPEG > PAL MPEG2(720×576,

25fps)"选项，如图 5.1-10 所示；在弹出的"创建视频文件"对话框中设置文件的名称和保存路径，如图 5.1-11 所示，单击"保存"按钮。渲染完成，输出的视频文件自动添加到"视频"素材库中，效果如图 5.1-12 所示。

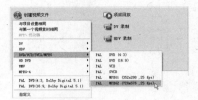

图 5.1-10

图 5.1-11

图 5.1-12

5.2 在影片中添加装饰图案

知识要点：使用覆叠按钮在对象素材库中选择装饰图形。使用属性选项面板制作淡入淡出动画效果。

5.2.1 添加视频素材

（1）启动会声会影 11，在启动面板中选择"会声会影编辑器"选项，如图 5.2-1 所示，进入会声会影程序主界面。

图 5.2-1

（2）单击"视频"素材库中的"加载视频"按钮 ，在弹出的"打开视频文件"对话框中选择光盘目录下"Ch05 > 素材 > 在影片中添加装饰图案 > 海.mpg"文件，如图 5.2-2 所示;单击"打开"按钮，所选中的视频素材被添加到素材库中，效果如图 5.2-3 所示。

图 5.2-2

图 5.2-3

（3）单击"时间轴"面板中的"时间轴视图"按钮 ，切换到时间轴视图。在素材库中选择"海.mpg"，按住鼠标左键将其拖曳至"视频轨"上，释放鼠标，效果如图 5.2-4 所示。

图 5.2-4

5.2.2　制作淡入淡出动画效果

（1）单击步骤选项卡中的"覆叠"按钮 ，切换至效果面板。单击素材库中的"画廊"按钮 ，在弹出的列表中选择"装饰 > 对象"选项，如图

5.2-5 所示。

图 5.2-5

（2）在"对象"素材库中选择编号为"D06"的图形拖曳到"覆叠轨"上，释放鼠标，如图 5.2-6 所示。将鼠标置于覆叠素材右侧的黄色边框上，当鼠标指针呈双向箭头 时，向右拖曳调整覆叠素材的长度，使其与视频轨上的素材对应，释放鼠标，效果如图 5.2-7 所示。

图 5.2-6

图 5.2-7

（3）在预览窗口中选中素材的黄色控制点调整大小及位置，效果如图 5.2-8 所示。

图 5.2-8

（4）单击"属性"面板中设置覆叠素材的"方向/样式"，单击"淡入动画效果"按钮 📊、"淡出动画效果"按钮 📊，如图 5.2-9 所示。在预览窗口中拖动飞梭栏滑块 ▽，在预览窗口中观看效果，如图 5.2-10 所示。

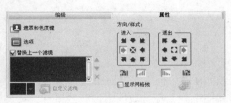

图 5.2-9

图 5.2-10

（5）单击步骤选项卡中的"分享"按钮 分享，切换至分享面板。在选项面板中单击"创建视频文件"按钮 📷，在弹出的列表中选择"DVD/VCD/SVCD/MPEG > PAL MPEG2(720×576，25fps)"选项，如图 5.2-11 所示，在弹出的"创建视频文件"对话框中设置文件的名称和保存路径，如图 5.2-12 所示，单击"保存"按钮。渲染完成，输出的

视频文件自动添加到"视频"素材库中，效果如图 5.2-13 所示。

图 5.2-11

图 5.2-12

图 5.2-13

5.3 为影片添加漂亮边框

知识要点：使用覆叠按钮在边框素材库中选择边框。使用属性选项面板设置覆叠素材方向/样式。

5.3.1 添加视频素材

（1）启动会声会影 11，在启动面板中选择"会声会影编辑器"选项，如图 5.3-1 所示，进入会声会影程序主界面。

图 5.3-1

（2）选择"文件 > 将媒体文件插入到时间轴 >

插入视频"命令，在弹出的"打开视频文件夹"对话框中选择光盘目录下"Ch05 > 素材 > 为影片添加漂亮边框 > 厨房镜头.avi"文件，如图 5.3-2 所示；单击"打开"按钮，所选中的视频素材被添加到素材库中，效果如图 5.3-3 所示。

图 5.3-2

图 5.3-3

5.3.2　添加漂亮边框

（1）单击"时间轴"面板中的"时间轴视图"按钮 ▤，切换到时间轴视图，如图 5.3-4 所示。单击步骤选项卡中的"覆叠"按钮 覆叠，切换至效果面板。单击素材库中的"画廊"按钮 ▼，在弹出的列表中选择"装饰 > 边框"选项，如图 5.3-5 所示。

图 5.3-4

图 5.3-5

（2）在"边框"素材库中选择编号为"F04"的图形并拖曳到"覆叠轨"上，释放鼠标，如图 5.3-6 所示。将鼠标置于对象素材右侧的黄色边框上，当鼠标指针呈双向箭头 ⇔ 时，向右拖曳调整覆叠素材的长度，使其与视频轨上的素材对应，释放鼠标，效果如图 5.3-7 所示。在预览窗口中拖动飞梭栏滑块 ▽，在预览窗口中观看效果，如图 5.3-8 所示。

图 5.3-6

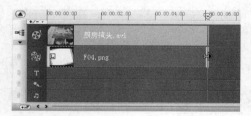

图 5.3-7

图 5.3-8

（3）单击步骤选项卡中的"分享"按钮 ，切换至分享面板。在选项面板中单击"创建视频文件"按钮，在弹出的列表中选择"DVD/VCD/SVCD/MPEG > PAL MPEG2(720×576，25fps)"选项，如图 5.3-9 所示；在弹出的"创建视频文件"对话框中设置文件的名称和保存路径，如图 5.3-10 所示，单击"保存"按钮。渲染完成，输出的视频文件自动添加到"视频"素材库中，效果如图 5.3-11 所示。

图 5.3-10

图 5.3-9

图 5.3-11

5.4　若隐若现的画面叠加效果

知识要点：使用淡入动画效果按钮制作图像素材若隐若现效果。

5.4.1　添加视频素材

（1）启动会声会影 11，在启动面板中选择"会声会影编辑器"选项，如图 5.4-1 所示，进入会声会影程序主界面。

图 5.4-1

（2）单击"视频"素材库中的"加载视频"按钮，在弹出的"打开视频文件"对话框中选择光盘目录下"Ch05 > 素材 > 若隐若现的画面叠加效果 > 海平面.mpg"文件，如图 5.4-2 所示；单击"打开"按钮，所有选中的视频素材被添加到素材库中，效果如图 5.4-3 所示。

图 5.4-2

图 5.4-3

（3）单击"时间轴"面板中的"时间轴视图"按钮 ▤，切换到时间轴视图。在素材库中选择"海平面.mpg"，按住鼠标左键将其拖曳至"视频轨"上，释放鼠标，效果如图 5.4-4 所示。

图 5.4-4

5.4.2　制作图像素材若隐若现效果

（1）单击素材库中的"画廊"按钮 ▼，在弹出的列表中选择"图像"选项。单击"图像"素材库中的"加载图像"按钮 📂，在弹出的"打开图像文件"对话框中选择光盘目录下"Ch05 > 素材 > 若隐若现的画面叠加效果 > 风景图.png"文件，如图 5.4-5 所示；单击"打开"按钮，所选中的图像素材被添加到素材库中，效果如图 5.4-6 所示。

图 5.4-5

图 5.4-6

（2）在素材库中选择"风景图.png"，按住鼠标左键将其拖曳至"覆叠轨"上，释放鼠标，效果如图 5.4-7 所示。将鼠标置于图像素材右侧的黄色边框上，当鼠标指针呈双向箭头 ⬌ 时，向右拖曳调整覆叠素材的长度，使其与视频轨上的素材对应，释放鼠标，效果如图 5.4-8 所示。

图 5.4-7

图 5.4-8

（3）单击预览窗口右下方的"扩大"按钮 ◉，将预览窗口最大化。选中预览窗口图像素材的黄色控制手柄，调整覆叠素材的大小及位置，效果如图 5.4-9 所示。单击预览窗口右下方的"最小化"按钮 ✥，将预览窗口最小化。

图 5.4-9

（4）单击"属性"面板中的"遮罩和色度键"按钮 🖼，打开覆叠选项面板，将"边框色彩"选项设为白色，其他选项的设置如图 5.4-10 所示。

图 5.4-10

（5）单击折叠按钮 ，关闭覆叠选项面板。在"属性"面板中单击"淡入动画效果"按钮 ，如图 5.4-11 所示。在预览窗口中拖动飞梭栏滑块 ，在预览窗口中观看效果，如图 5.4-12 所示。

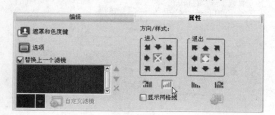

图 5.4-11

图 5.4-12

（6）单击步骤选项卡中的"分享"按钮 ，切换至分享面板。在选项面板中单击"创建视频文件"按钮 ，在弹出的列表中选择"DVD/VCD/SVCD/MPEG > PAL MPEG2(720×576，

25fps)"选项，如图 5.4-13 所示，在弹出的"创建视频文件"对话框中设置文件的名称和保存路径，如图 5.4-14 所示，单击"保存"按钮。渲染完成，输出的视频文件自动添加到"视频"素材库中，效果如图 5.4-15 所示。

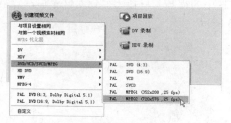

图 5.4-13

图 5.4-14

图 5.4-15

5.5 覆叠素材的动画效果

知识要点：使用调整到屏幕大小选项调整覆叠素材的大小。

5.5.1 添加视频素材

（1）启动会声会影 11，在启动面板中选择"会声会影编辑器"选项，如图 5.5-1 所示，进入会声会影程序主界面。

图 5.5-1

（2）单击"视频"素材库中的"加载视频"按钮 📂，在弹出的"打开视频文件"对话框中选择光盘目录下"Ch05 > 素材 > 覆叠素材的动画效果 > 礼花.mpg、夜景.mpg"文件，如图 5.5-2 所示，单击"打开"按钮，弹出提示对话框，单击"确定"按钮，所有选中的视频素材被添加到素材库中，效果如图 5.5-3 所示。

图 5.5-2

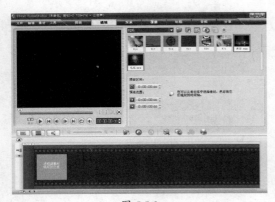

图 5.5-3

（3）单击"时间轴"面板中的"时间轴视图"按钮 ▤，切换到时间轴视图。在素材库中选择"夜景.mpg"，按住鼠标左键将其拖曳至"视频轨"上，释放鼠标，效果如图 5.5-4 所示。

图 5.5-4

5.5.2 调整素材大小

（1）在素材库中选择"礼花.mpg"，按住鼠标左键将其拖曳至"覆叠轨"上，释放鼠标，效果如图 5.5-5 所示。

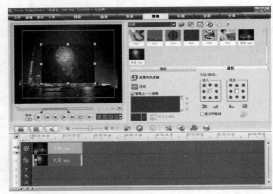

图 5.5-5

（2）在预览窗口中的覆叠素材上单击鼠标右键，在弹出的菜单中选择"调整到屏幕大小"选项，效果如图 5.5-6 所示。单击"属性"中的"遮罩和色度键"按钮 👤，打开覆叠选项面板，将"边框色彩"选项设为白色，其他选项的设置如图 5.5-7 所示。

（3）在预览窗口中拖动飞梭栏滑块 ▽，在预览窗口中观看效果，如图 5.5-8 所示。

图 5.5-6

图 5.5-7

图 5.5-8

图 5.5-10

（4）单击步骤选项卡中的"分享"按钮，切换至分享面板。在选项面板中单击"创建视频文件"按钮，在弹出的列表中选择"DVD/VCD/SVCD/MPEG > PAL MPEG2(720×576，25fps)"选项，如图 5.5-9 所示；在弹出的"创建视频文件"对话框中设置文件的名称和保存路径，如图 5.5-10 所示，单击"保存"按钮。渲染完成，输出的视频文件自动添加到"视频"素材库中，效果如图 5.5-11 所示。

图 5.5-11

图 5.5-9

5.6 覆叠素材变形

知识要点：使用参数选择命令设置视频素材和覆叠素材的时间。

5.6.1 添加图像素材

（1）启动会声会影 11，在启动面板中选择"会声会影编辑器"选项，如图 5.6-1 所示，进入会声会影程序主界面。

图 5.6-1

（2）选择"文件 > 参数选择"命令，在弹出的对话框中进行设置，如图 5.6-2 所示，单击"确定"按钮。

图 5.6-2

（3）单击"时间轴"面板中的"时间轴视图"按钮 ▦，切换到时间轴视图，如图5.6-3所示。

图 5.6-3

（4）单击素材库中的"画廊"按钮 ▼，在弹出的列表中选择"图像"选项。单击"图像"素材库中的"加载图像"按钮 📂，弹出"打开图像文件"对话框，选择光盘目录下"Ch05 > 素材 > 覆叠素材变形 > 图.BMP"文件，如图5.6-4所示，单击"打开"按钮，所选中的素材被添加到"视频轨"上，效果如图5.6-5所示。

图 5.6-4

图 5.6-5

5.6.2　改变覆叠素材形状

（1）单击素材库中的"画廊"按钮 ▼，在弹出的列表中选择"视频"选项。单击"视频"素材库中的"加载视频"按钮 📂，在弹出的"打开视频文件"对话框中选择光盘目录下"Ch05 > 素材 > 覆叠素材变形 > 航拍.mpg"文件，如图5.6-6所示，

单击"打开"按钮，所选中的视频素材被插入到素材库中，效果如图5.6-7所示。

图 5.6-6

图 5.6-7

（2）在素材库中选择"航拍.mpg"按住鼠标左键将其拖曳至"覆叠轨"上，释放鼠标，效果如图5.6-8所示。

图 5.6-8

（3）在预览窗口中选中素材右上角的绿色控制点向右上方拖曳，如图5.6-9所示；释放鼠标，将素材倾斜，效果如图5.6-10所示。

图 5.6-9

图 5.6-10

（4）用相同的方法，拖曳其他绿色控制点到适当的位置，将其变形，如图 5.6-11 所示。在预览窗口中拖动飞梭栏滑块▽，在预览窗口中观看效果，如图 5.6-12 所示。

图 5.6-11

图 5.6-12

（5）单击步骤选项卡中的"分享"按钮 分享 ，切换至分享面板。在选项面板中单击

"创建视频文件"按钮，在弹出的列表中选择"DVD/VCD/SVCD/MPEG > PAL MPEG2(720 × 576，25fps)"选项，如图 5.6-13 所示；在弹出的"创建视频文件"对话框中设置文件的名称和保存路径，如图 5.6-14 所示，单击"保存"按钮。渲染完成，输出的视频文件自动添加到"视频"素材库中，效果如图 5.6-15 所示。

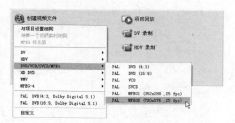

图 5.6-13

图 5.6-14

图 5.6-15

5.7 遮罩透空叠加效果

知识要点：使用遮罩和色度键按钮制作遮罩透空叠加效果。

5.7.1 添加视频素材

（1）启动会声会影 11，在启动面板中选择"会声会影编辑器"选项，如图 5.7-1 所示，进入会声会影程序主界面。

图 5.7-1

（2）单击"视频"素材库中的"加载视频"按钮 ，在弹出的"打开视频文件"对话框中选择光盘目录下"Ch05 > 素材 > 遮罩透空叠加效果 > 绿叶.mpg、水果.mpg"文件，如图5.7-2所示；单击"打开"按钮，弹出提示对话框，单击"确定"按钮，所有选中的视频素材被添加到素材库中，效果如图5.7-3所示。

图 5.7-2

图 5.7-3

（3）单击"时间轴"面板中的"时间轴视图"按钮 ，切换到时间轴视图。在素材库中选择"绿叶.mpg"，按住鼠标左键将其拖曳至"视频轨"上，释放鼠标，效果如图5.7-4所示。

图 5.7-4

5.7.2 制作遮罩透空叠加效果

（1）在素材库中选择"水果.mpg"按住鼠标左键将其拖曳至"覆叠轨"上，释放鼠标，效果如图5.7-5所示。

图 5.7-5

（2）在预览窗口中的覆叠素材上单击鼠标右键，在弹出的菜单中选择"调整到屏幕大小"选项，效果如图5.7-6所示。

图 5.7-6

（3）单击"属性"面板中的"遮罩和色度键"按钮 ，打开覆叠选项面板，勾选"应用覆叠选项"复选框，在"类型"选项下拉列表中选择"遮罩帧"，在右侧的面板中选择需要的样式，如图5.7-7所示。此时在预览窗口中观看视频素材应用遮罩后的效果，如图5.7-8所示。

图 5.7-7

图 5.7-8

（4）在预览窗口中拖动飞梭栏滑块 ▽，在预览窗口中观看效果，如图 5.7-9 所示。

图 5.7-9

（5）单击步骤选项卡中的"分享"按钮 分享 ，切换至分享面板。在选项面板中单击"创建视频文件"按钮 ，在弹出的列表中选择"DVD/VCD/SVCD/MPEG > PAL MPEG2(720×576，25fps)"选项，如图 5.7-10 所示，在弹出的"创建视频文件"对话框中设置文件的名称和保存路径，如图 5.7-11 所示，单击"保存"按钮。渲染完成，输出的

视频文件自动添加到"视频"素材库中，效果如图 5.7-12 所示。

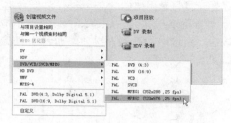

图 5.7-10

图 5.7-11

图 5.7-12

5.8　舞台追光灯效果

知识要点：使用光线滤镜为视频素材添加舞台追光灯效果。

5.8.1　添加视频素材

（1）启动会声会影 11，在启动面板中选择"会声会影编辑器"选项，如图 5.8-1 所示，进入会声会影程序主界面。

图 5.8-1

（2）选择"文件 > 将媒体文件插入到时间轴 > 插入视频"命令，在弹出的"打开视频文件"对话框中选择光盘目录下"Ch05 > 素材 > 舞台追光灯效果 > 度假.mpg"文件，如图 5.8-2 所示，单击"打开"按钮，所选中的视频素材被添加到故事板中，效果如图 5.8-3 所示。

图 5.8-2

图 5.8-3

5.8.2 制作舞台追光灯效果

（1）单击素材库中的"画廊"按钮 <u>　</u>，在弹出的列表中选择"视频滤镜"选项，如图 5.8-4 所示。在"视频滤镜"素材库中选择"光线"滤镜并将其添加到"故事板"中的"度假.mpg"视频素材上，如图 5.8-5 所示，释放鼠标，视频滤镜被应用到素材上，效果如图 5.8-6 所示。

图 5.8-4

图 5.8-5

图 5.8-6

（2）单击"属性"面板中的"自定义滤镜"按钮 <u>　</u>，弹出"光线"对话框，将"光线色彩"选项设为白色，其他选项的设置如图 5.8-7 所示。

图 5.8-7

（3）在 4 秒处单击鼠标添加一个关键帧，其他选项的设置如图 5.8-8 所示。单击"转到下一个关键帧"按钮 <u>→</u>，飞梭栏滑块移到下一个关键帧处，其他选项的设置如图 5.8-9 所示，单击"确定"按钮。在预览窗口中拖动飞梭栏滑块 <u>▽</u>，在预览窗口中观看效果，如图 5.8-10 所示。

图 5.8-8

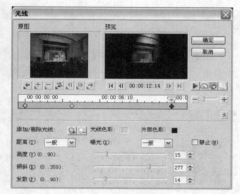

图 5.8-9

图 5.8-10

（4）单击步骤选项卡中的"分享"按钮，切换至分享面板。在选项面板中单击

"创建视频文件"按钮，在弹出的列表中选择" DVD/VCD/SVCD/MPEG > PAL MPEG2(720 × 576, 25fps)"选项，如图 5.8-11 所示，在弹出的"创建视频文件"对话框中设置文件的名称和保存路径，如图 5.8-12 所示，单击"保存"按钮。渲染完成，输出的视频文件自动添加到"视频"素材库中，效果如图 5.8-13 所示。

图 5.8-11

图 5.8-12

图 5.8-13

5.9　色度键抠像功能

知识要点：使用遮罩和色度键按钮为视频素材添加色度键抠像功能效果。

5.9.1　添加视频素材

（1）启动会声会影 11，在启动面板中选择"会声会影编辑器"选项，如图 5.9-1 所示，进入会声会影程序主界面。

图 5.9-1

（2）单击"视频"素材库中的"加载视频"按钮，在弹出的"打开视频文件"对话框中选择光盘目录下"Ch05 > 素材 > 色度键抠像功能 > 枫叶.mpg、海水.mpg"文件，如图 5.9-2 所示，单击"打开"按钮，弹出提示对话框，单击"确定"按钮，所有选中的视频素材被添加到素材库中，效果如图 5.9-3 所示。

图 5.9-2

图 5.9-3

（3）单击"时间轴"面板中的"时间轴视图"按钮，切换到时间轴视图。在素材库中选择"海水.mpg"，按住鼠标左键将其拖曳至"视频轨"上，释放鼠标，效果如图 5.9-4 所示。

图 5.9-4

5.9.2　改变图像大小

（1）在素材库中选择"枫叶.mpg"，按住鼠标左键将其拖曳至"覆叠轨"上，释放鼠标，效果如图 5.9-5 所示。

图 5.9-5

（2）在预览窗口中的素材上单击鼠标右键，在弹出的菜单中选择"调整到屏幕大小"选项，效果如图 5.9-6 所示。

图 5.9-6

（3）单击"属性"面板中的"遮罩和色度键"

按钮，打开覆叠选项面板，勾选"应用覆叠选项"复选框，其他选项的设置如图 5.9-7 所示。在预览窗口中拖动飞梭栏滑块，在预览窗口中观看效果，如图 5.9-8 所示。

5.9-11 所示。

图 5.9-7

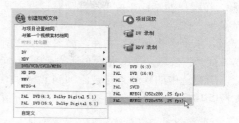

图 5.9-9

图 5.9-10

图 5.9-8

（4）单击步骤选项卡中的"分享"按钮 **分享**，切换至分享面板。在选项面板中单击"创建视频文件"按钮，在弹出的列表中选择"DVD/VCD/SVCD/MPEG > PAL MPEG2(720×576, 25fps)"选项，如图 5.9-9 所示，在弹出的"创建视频文件"对话框中设置文件的名称和保存路径，如图 5.9-10 所示，单击"保存"按钮。渲染完成，输出的视频文件自动添加到"视频"素材库中，效果如图

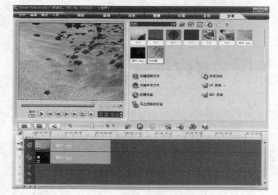

图 5.9-11

5.10　遮罩帧功能

知识要点：使用遮罩和色度键按钮为视频素材添加遮罩帧效果。

5.10.1　添加视频素材

（1）启动会声会影 11，在启动面板中选择"会声会影编辑器"选项，如图 5.10-1 所示，进入会声会影程序主界面。

图 5.10-1

（2）单击"视频"素材库中的"加载视频"按钮 ，在弹出的"打开视频文件"对话框中选择光盘目录下"Ch05 > 素材 > 遮罩帧功能 > 玫瑰花开.mpg、水上婚礼.mpg"文件，如图 5.10-2 所示，单击"打开"按钮，弹出提示对话框，单击"确定"按钮，所有选中的视频素材被添加到素材库中，效果如图 5.10-3 所示。

图 5.10-2

图 5.10-3

（3）单击"时间轴"面板中的"时间轴视图"按钮 ，切换到时间轴视图。在素材库中选择"水上婚礼.mpg"，按住鼠标左键将其拖曳至"视频轨"上，释放鼠标，效果如图 5.10-4 所示。

图 5.10-4

（4）在素材库中选择"玫瑰花开.mpg"，按住鼠标左键将其拖曳至"覆叠轨"上，释放鼠标，效果如图 5.10-5 所示。

图 5.10-5

5.10.2 制作遮罩帧效果

（1）单击"属性"面板中的"遮罩和色度键"按钮 ，打开覆叠选项面板，勾选"应用覆叠选项"复选框，在"类型"选项下拉列表中选择"遮罩帧"，在右侧的面板中选择需要的样式，如图 5.10-6 所示。在预览窗口中观看视频素材应用遮罩后的效果，如图 5.10-7 所示。

图 5.10-6

图 5.10-7

（2）在预览窗口拖曳覆叠素材到适当的位置，效果如图 5.10-8 所示。单击折叠按钮 ⊗，关闭覆叠选项面板。在"属性"面板中设置覆叠素材的"方向/样式"，如图 5.10-9 所示。

图 5.10-8

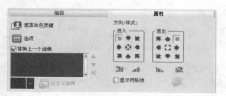

图 5.10-9

（3）在预览窗口中拖动飞梭栏滑块 ▽ ，在预览窗口中观看效果，如图 5.10-10 所示。

图 5.10-10

（4）单击步骤选项卡中的"分享"按钮 **分享**，切换至分享面板。在选项面板中单击"创建视频文件"按钮，在弹出的列表中选择"DVD/VCD/SVCD/MPEG > PAL MPEG2(720×576,

25fps)"选项，如图 5.10-11 所示，在弹出的"创建视频文件"对话框中设置文件的名称和保存路径，如图 5.10-12 所示，单击"保存"按钮。渲染完成，输出的视频文件自动添加到"视频"素材库中，效果如图 5.10-13 所示。

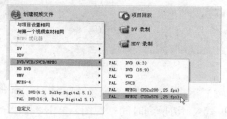

图 5.10-11

图 5.10-12

图 5.10-13

5.11 多轨覆叠效果

知识要点：使用覆叠轨管理器按钮添加多个覆叠轨。

会影程序主界面。

5.11.1 添加视频素材

（1）启动会声会影 11，在启动面板中选择"会声会影编辑器"选项，如图 5.11-1 所示，进入会声

图 5.11-1

（2）单击"时间轴"面板中的"时间轴视图"按钮 ▤，切换到时间轴视图。单击"覆叠轨管理器"按钮 ，弹出"覆叠轨管理器"对话框，勾选"覆叠轨#2"、"覆叠轨#3"、"覆叠轨#4"、"覆叠轨#5"、"覆叠轨#6"复选框，如图 5.11-2 所示，单击"确定"按钮，在预设的"覆叠轨#1"下方添加新的覆叠轨，效果如图 5.11-3 所示。

图 5.11-2

图 5.11-3

（3）单击"视频"素材库中的"加载视频"按钮 ，在弹出的"打开视频文件"中选择在默认的安装路径中的"D：Program Files > Ulead Systems > UleadVideoStudio11 > Samples > Video > Sampl-V01.wmv、Sampl-V02.wmv、Sampl-V03.wmv、Sampl-V04.wmv"文件（因为会声会影安装在 D 盘，所以默认的安装路径就是 D 盘），如图 5.11-4 所示，单击"打开"按钮，弹出提示对话框，单击"确定"按钮，素材库效果如图 5.11-5 所示。

图 5.11-4

图 5.11-5

5.11.2 制作多轨覆叠效果

（1）在"视频"素材库中将"V01"拖曳至"视频轨"中，如图 5.11-6 所示。在素材库中选择"Sampl-V04.wmv"并将其拖曳到"覆叠轨"上，效果如图 5.11-7 所示。用相同的方法分别将"Sampl-V03.wmv"、"Sampl-V02.wmv"、"Sampl-V01.wmv"拖曳到其他的"覆叠轨"上，效果如图 5.11-8 所示。

图 5.11-6

图 5.11-7

图 5.11-8

（2）单击预览窗口右下方的"扩大"按钮，将预览窗口放大。选中"覆叠轨"中的"Sampl-V04.wmv"文件，在预览窗口中拖曳素材到适当的位置。用相同的方法分别选中其他的覆叠轨并将覆叠素材拖曳到适当的位置，效果如图 5.11-9 所示。单击预览窗口右下方的"最小化"按钮，将预览窗口最小化。

图 5.11-9

（3）选择"文件 > 打开项目"命令，弹出提示对话框，单击"否"按钮，弹出"打开"对话框，选择在默认的安装路径中的"D：Program Files >

UleadSystems > Ulead > VideoStudio11 > Samples > Sample-Pal.VSP"文件，如图 5.11-10 所示，单击"打开"按钮，多轨覆叠效果如图 5.11-11 所示。

图 5.11-10

图 5.11-11

（4）单击步骤选项卡中的"分享"按钮，切换至分享面板。在选项面板中单击"创建视频文件"按钮，在弹出的列表中选择"DVD/VCD/SVCD/MPEG > PAL MPEG2(720×576，25fps)"选项，如图 5.11-12 所示，在弹出的"创建视频文件"对话框中设置文件的名称和保存路径，如图 5.11-13 所示，单击"保存"按钮。渲染完成，输出的视频文件自动添加到"视频"素材库中，效果如图 5.11-14 所示。

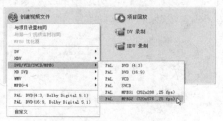

图 5.11-12

图 5.11-13

图 5.11-14

5.12 为视频添加 Flash 动画

知识要点: 使用 Flash 动画选项为视频素材添加 Flash 动画效果。

5.12.1 添加视频素材

(1)启动会声会影 11,在启动面板中选择"会声会影编辑器"选项,如图 5.12-1 所示,进入会声会影程序主界面。

图 5.12-1

(2)选择"文件 > 将媒体文件插入到时间轴 > 插入视频"命令,在弹出的"打开视频文件"对话框中选择光盘目录下"Ch05 > 素材 > 为视频添加 Flash 动画 > 男子游泳.mpg"文件,如图 5.12-2 所示,单击"打开"按钮,所选中的视频素材被添加到故事板中,效果如图 5.12-3 所示。

图 5.12-2

图 5.12-3

5.12.2 制作淡入 Flash 动画效果

(1)单击"时间轴"面板中的"时间轴视图"按钮 ▤,切换到时间轴视图。单击素材库中的"画廊"按钮 ▾,在弹出的列表中选择"Flash 动画"选项,如图 5.12-4 所示。

图 5.12-4

(2)在"Flash 动画"素材库中选择"MotionF01"动画并将其添加到"覆叠轨"上,释放鼠标,效果如图 5.12-5 所示。

图 5.12-5

（3）单击"属性"面板中覆叠素材的"方向/样式"，单击"淡入动画效果"按钮 ⅲ，如图 5.12-6 所示。

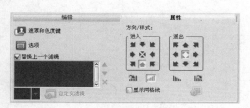

图 5.12-6

（4）在预览窗口中拖动飞梭栏滑块 ▽，在预览窗口中观看效果，如图 5.12-7 所示。

图 5.12-7

（5）单击步骤选项卡中的"分享"按钮

分享 ，切换至分享面板。在选项面板中单击"创建视频文件"按钮 🎬，在弹出的列表中选择"DVD/VCD/SVCD/MPEG > PAL MPEG2(720×576, 25fps)"选项，如图 5.12-8 所示，在弹出的"创建视频文件"对话框中设置文件的名称和保存路径，如图 5.12-9 所示，单击"保存"按钮。渲染完成，输出的视频文件将自动添加到"视频"素材库中，效果如图 5.12-10 所示。

图 5.12-8

图 5.12-9

图 5.12-10

读书笔记

第6章

标题与字幕的添加

6.1 应用预设动画标题

知识要点：使用边框/阴影/透明度按钮添加文字白色阴影。使用移动路径动画制作预设动画标题效果。

6.1.1 添加视频素材

（1）启动会声会影 11，在启动面板中选择"会声会影编辑器"选项，如图 6.1-1 所示，进入会声会影程序主界面。

图 6.1-1

（2）单击"视频"素材库中的"加载视频"按钮，在弹出的"打开视频文件"对话框中选择光盘目录下"**Ch06 > 素材 > 应用预设动画标题 > 枯叶.mpg**"文件，如图 6.1-2 所示，单击"打开"按钮，所选中的视频素材被添加到素材库中，效果如图 6.1-3 所示。

图 6.1-2

图 6.1-3

（3）单击"时间轴"面板中的"时间轴视图"

按钮 ，切换到时间轴视图。在素材库中选择"枯叶.mpg"，按住鼠标左键将其拖曳至"视频轨"上，释放鼠标，效果如图 6.1-4 所示。拖曳时间轴标尺上的当前位置标记 ▽，如图 6.1-5 所示。

图 6.1-4

图 6.1-5

6.1.2 制作预设动画标题

（1）单击步骤选项卡中的"标题"按钮 ，切换至标题面板，预览窗口中效果如图 6.1-6 所示。

图 6.1-6

（2）在预览窗口中双击鼠标，进入标题编辑状态。在"编辑"面板中勾选"多个标题"单选项，单击"色彩"颜色块，在弹出的列表中选择"友立色彩选取器"选项，在弹出的对话框中进行设置，如图 6.1-7 所示，单击"确定"按钮，返回到"编辑"面板中设置标题字体、字体大小、字体行距等属性，如图 6.1-8 所示，在预览窗口中输入需要的文字，效果如图 6.1-9 所示。

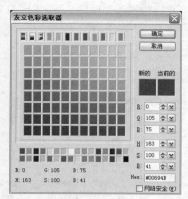

图 6.1-7

图 6.1-8

图 6.1-9

（3）在预览窗口中选取文字"枯叶"，在"编辑"面板中设置字体大小，如图 6.1-10 所示，效果如图 6.1-11 所示。

图 6.1-10

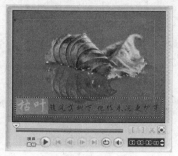

图 6.1-11

（4）将鼠标置于标题轨素材右侧的黄色边框当上，鼠标指针呈双向箭头⇔时，向左拖曳调整标题轨素材的长度，使其与覆叠轨上的素材对应，释放鼠标，效果如图 6.1-12 所示。双击"标题轨"，在预览窗口中显示文字。

图 6.1-12

（5）在"编辑"面板中单击"边框/阴影/透明度"按钮T，弹出"边框/阴影/透明度"对话框，在"边框"选项卡中，将"线条色彩"选项设为白色，如图 6.1-13 所示。选择"阴影"选项卡，单击"光晕阴影"按钮A，将"光晕阴影色彩"选项设为白色，其他选项的设置如图 6.1-14 所示，单击"确定"按钮，预览窗口中效果如图 6.1-15 所示。

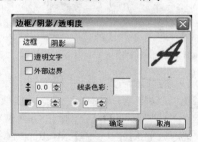

图 6.1-13

图 6.1-14

图 6.1-15

（6）在"动画"面板中勾选"应用动画"复选框，单击"类型"选项右侧的下拉按钮，在弹出的下拉列表中选择"移动路径"选项，在"移动路径"动画库中选择需要的动画效果应用到当前字幕，如图 6.1-16 所示。在预览窗口中拖动飞梭栏滑块▽，在预览窗口中观看效果，如图 6.1-17 所示。

图 6.1-16

图 6.1-17

（7）单击步骤选项卡中的"分享"按钮 ，切换至分享面板。在选项面板中单击"创建视频文件"按钮，在弹出的列表中选择"DVD/VCD/SVCD/MPEG > PAL MPEG2(720×576，25fps)"选项，如图 6.1-18 所示，弹出"MPEG 优化器"对话框，如图 6.1-19 所示，单击"接受"按钮，

6.2　半透明衬底滚动字幕

知识要点： 使用居中命令将色彩素材于屏幕居中显示。使用边框/阴影/透明度按钮添加文字黑色阴影。使用飞行动画制作滚动字幕效果。

在弹出的"创建视频文件"对话框中设置文件的名称和保存路径，如图 6.1-20 所示，单击"保存"按钮。渲染完成，输出的视频文件自动添加到"视频"素材库中，效果如图 6.1-21 所示。

图 6.1-18

图 6.1-19

图 6.1-20

图 6.1-21

6.2.1　添加视频素材

（1）启动会声会影 11，在启动面板中选择"会声会影编辑器"选项，如图 6.2-1 所示，进入会声会

影程序主界面。

图 6.2-1

（2）单击"视频"素材库中的"加载视频"按钮 📁，在弹出的"打开视频文件"对话框中选择光盘目录下"Ch06 > 素材 > 半透明衬底滚动字幕 > 夕阳.mpg"文件，如图6.2-2所示，单击"打开"按钮，所选中的视频素材被添加到素材库中，效果如图6.2-3所示。

图 6.2-2

图 6.2-3

（3）单击"时间轴"面板中的"时间轴视图"按钮 ▤，切换到时间轴视图。在素材库中选择"夕阳.mpg"，按住鼠标左键将其拖曳至"视频轨"上，释放鼠标，效果如图6.2-4所示。

图 6.2-4

6.2.2 制作半透明底图

（1）单击素材库中的"画廊"按钮 ▼，在弹出的列表中选择"色彩"选项，如图6.2-5所示。将素材库里的色彩素材拖曳至"覆叠轨"上，如图6.2-6所示，释放鼠标，色彩素材被添加到覆叠轨上。将鼠标置于覆叠素材右侧的黄色边框上，当鼠标指针呈双向箭头 ⬌ 时，向右拖曳调整覆叠素材的长度，使其与视频轨上的素材对应，释放鼠标，效果如图6.2-7所示。

图 6.2-5

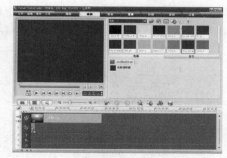

图 6.2-6

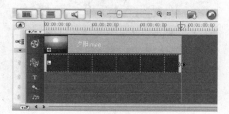

图 6.2-7

（2）在覆叠素材上单击鼠标右键，在弹出的列表中选择"调整到屏幕大小"选项，如图 6.2-8 所示，在预览窗口中效果如图 6.2-9 所示。

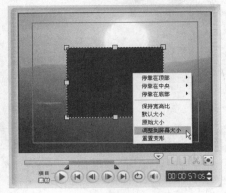

图 6.2-8

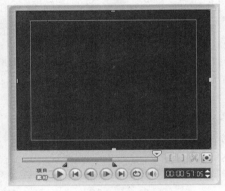

图 6.2-9

（3）选中色彩素材右侧中间的控制手柄向右拖曳到适当的位置，释放鼠标，效果如图 6.2-10 所示。在色彩素材上单击鼠标右键，在弹出的列表中选择"停靠在中央 > 居中"，如图 6.2-11 所示，素材居中显示，效果如图 6.2-12 所示。

图 6.2-10

图 6.2-11

图 6.2-12

（4）在选项面板中，单击"属性"面板中的"遮罩和色度键"按钮，打开覆叠选项面板，将"透明度"选项设为 70，如图 6.2-13 所示，预览窗口中效果如图 6.2-14 所示。

图 6.2-13

图 6.2-14

6.2.3 制作滚动字幕效果

（1）单击步骤选项卡中的"标题"按钮 标题，切换至标题面板，单击导览面板中的"起始"按钮，使飞梭栏滑块转到起始帧位置，预览窗口中效果如图 6.2-15 所示。

图 6.2-15

（2）在预览窗口中双击鼠标，进入标题编辑状态。在"编辑"面板中勾选"单个标题"单选项，设置字体颜色为白色，并设置标题字体、字体大小、字体行距等属性，如图 6.2-16 所示，在预览窗口中输入需要的文字，效果如图 6.2-17 所示。

图 6.2-16

图 6.2-17

（3）将鼠标置于标题轨素材右侧的黄色边框上，当鼠标指针呈双向箭头 时，向右拖曳调整标题轨素材的长度，使其与覆叠轨上的素材对应，释放鼠标，效果如图 6.2-18 所示。双击"标题轨"，在预览窗口中显示文字。

图 6.2-18

（4）单击"边框/阴影/透明度"按钮，弹出"边框/阴影/透明度"对话框，将"线条色彩"选项设为白色，如图 6.2-19 所示。选择"阴影"选项卡，弹出"阴影"对话框，单击"下垂阴影"按钮，将"下垂阴影色彩"选项设为黑色，其他选项的设置如图 6.2-20 所示，单击"确定"按钮，在预览窗口中效果如图 6.2-21 所示。

图 6.2-19

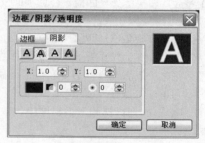

图 6.2-20

图 6.2-21

（5）在"动画"面板中勾选"应用动画"复选框，单击"类型"选项右侧的下拉按钮，在弹出的下拉列表中选择"飞行"选项，在"飞行"动画库中选择需要的动画效果应用到当前字幕，如图 6.2-22 所示。在预览窗口中拖动飞梭栏滑块 ，在预览窗口中观看效果，如图 6.2-23 所示。

图 6.2-22

图 6.2-24

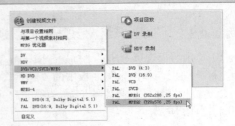

图 6.2-23

图 6.2-25

（6）单击步骤选项卡中的"分享"按钮 ，切换至分享面板。在选项面板中单击"创建视频文件"按钮 ，在弹出的列表中选择"DVD/VCD/SVCD/MPEG > PAL MPEG2(720×576, 25fps)"选项，如图 6.2-24 所示，在弹出的"创建视频文件"对话框中设置文件的名称和保存路径，如图 6.2-25 所示，单击"保存"按钮。渲染完成，输出的视频文件自动添加到"视频"素材库中，效果如图 6.2-26 所示。

图 6.2-26

6.3　淡入淡出的字幕效果

知识要点： 使用边框/阴影/透明度按钮添加文字边框和阴影效果。使用淡化动画制作淡入淡出的字幕效果。

6.3.1　添加视频素材

（1）启动会声会影 11，在启动面板中选择"会声会影编辑器"选项，如图 6.3-1 所示，进入会声会影程序主界面。

图 6.3-1

（2）单击"视频"素材库中的"加载视频"按钮 ，在弹出的"打开视频文件"对话框中选择光盘目录下"Ch06 > 素材 > 淡入淡出的字幕效果 > 水滴.avi"文件，如图 6.3-2 所示，单击"打开"按钮，所选中的视频素材被添加到素材库中，效果如图 6.3-3 所示。

图 6.3-2

图 6.3-3

（3）单击"时间轴"面板中的"时间轴视图"按钮，切换到时间轴视图。在素材库中选择"水滴.avi"，按住鼠标左键将其拖曳至"视频轨"上，释放鼠标，效果如图 6.3-4 所示。拖曳时间轴标尺上的当前位置标记，如图 6.3-5 所示。

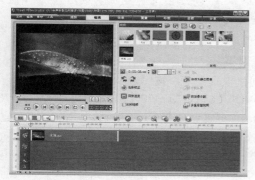

图 6.3-4

图 6.3-5

6.3.2　制作淡入淡出的字幕效果

（1）单击步骤选项卡中的"标题"按钮，切换至标题面板，预览窗口中效果如图 6.3-6 所示。

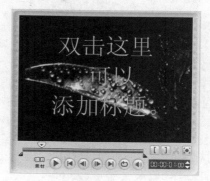

图 6.3-6

（2）在预览窗口中双击鼠标，进入标题编辑状态。在"编辑"面板中勾选"多个标题"单选项，设置字体颜色为白色，并设置标题字体、字体大小、字体行距等属性，如图 6.3-7 所示，在预览窗口中输入需要的文字，效果如图 6.3-8 所示。

图 6.3-7

图 6.3-8

（3）将鼠标置于标题轨素材右侧的黄色边框上，当鼠标指针呈双向箭头时，向右拖曳调整标题轨素材的长度，使其与覆叠轨上的素材相对应，释放鼠标，效果如图 6.3-9 所示。双击"标题轨"，在预览窗口中显示文字。

图 6.3-9

（4）在"编辑"面板中单击"边框/阴影/透明度"按钮 T，弹出"边框/阴影/透明度"对话框，单击"线条色彩"选项颜色块，在弹出的调色板中选择需要的颜色，其他选项的设置如图 6.3-10 所示。选择"阴影"选项卡，单击"光晕阴影"按钮 A，弹出相应的对话框，将"下垂阴影透明度"选项设为 38，"下垂阴影柔化边缘"选项设为 68，单击"光晕阴影色彩"选项颜色块，在弹出调色板中选择需要的颜色，如图 6.3-11 所示，单击"确定"按钮，预览窗口中效果如图 6.3-12 所示。

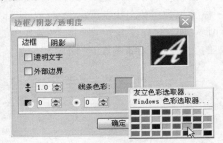

图 6.3-10

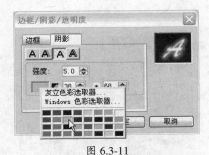

图 6.3-11

图 6.3-12

（5）在"动画"面板中勾选"应用动画"复选框，单击"类型"选项右侧的下拉按钮，在弹出的列表中选择"淡化"，单击"自定义动画属性"按钮，在弹出的对话框中进行设置，如图 6.3-13 所示，单击"确定"按钮，返回到"动画"面板中，如图 6.3-14 所示。在预览窗口中拖动飞梭栏滑块，在预览窗口中观看效果，如图 6.3-15 所示。

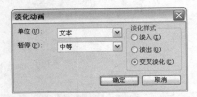

图 6.3-13

图 6.3-14

图 6.3-15

（6）单击步骤选项卡中的"分享"按钮，切换至分享面板。在选项面板中单击"创建视频文件"按钮，在弹出的列表中选择"DVD/VCD/SVCD/MPEG > PAL MPEG2(720×576，25fps)"选项，如图 6.3-16 所示，在弹出的"创建视频文件"对话框中设置文件的名称和保存路径，如图 6.3-17 所示，单击"保存"按钮。渲染完成，输出的视频文件自动添加到"视频"素材库中，效果如图 6.3-18 所示。

图 6.3-16

图 6.3-17

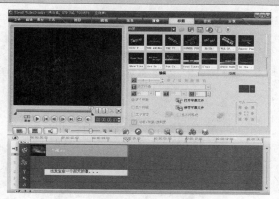

图 6.3-18

6.4 跑马灯字幕效果

知识要点：使用边框/阴影/透明度按钮添加文字边框和阴影效果。使用飞行动画制作跑马灯字幕效果。

6.4.1 添加视频素材

（1）启动会声会影 11，在启动面板中选择"会声会影编辑器"选项，如图 6.4-1 所示，进入会声会影程序主界面。

图 6.4-1

（2）单击"视频"素材库中的"加载视频"按钮，在弹出的"打开视频文件"对话框中选择光盘目录下"Ch06 > 素材 > 跑马灯字幕效果 > 雪景.mpg"文件，如图 6.4-2 所示，单击"打开"按钮，所选中的视频素材被添加到素材库中，效果如图 6.4-3 所示。

图 6.4-2

图 6.4-3

（3）单击"时间轴"面板中的"时间轴视图"按钮，切换到时间轴视图。在素材库中选择"雪景.mpg"，按住鼠标左键将其拖曳至"视频轨"上，释放鼠标，效果如图 6.4-4 所示。

图 6.4-4

6.4.2 制作跑马灯字幕效果

（1）单击步骤选项卡中的"标题"按钮 标题，切换至标题面板，预览窗口中效果如图 6.4-5 所示。在预览窗口中双击鼠标，进入标题编辑状态。在"编辑"面板中勾选"多个标题"单选项，勾选"文字背景"复选框，设置字体颜色为白色，并设置标题字体、字体大小、字体行距等属性，如图 6.4-6 所示。在预览窗口中输入需要的文字，效果如图 6.4-7 所示。

图 6.4-5

图 6.4-6

图 6.4-7

（2）将鼠标置于标题轨素材右侧的黄色边框上，当鼠标指针呈双向箭头 ⟺ 时，向右拖曳调整标题轨素材的长度，使其与视频轨上的素材相对应，释放鼠标，效果如图 6.4-8 所示。双击"标题轨"在预览窗口中显示文字。

图 6.4-8

（3）单击"边框/阴影/透明度"按钮 ，弹出"边框/阴影/透明度"对话框，在"边框"选项卡中，将"线条色彩"选项设为白色，其他选项的设置如图 6.4-9 所示。选择"阴影"选项卡，弹出"阴影"对话框，单击"下垂阴影"按钮 ，将"下垂阴影色彩"选项设为黑色，其他选项的设置如图 6.4-10 所示，单击"确定"按钮，预览窗口中效果如图 6.4-11 所示。

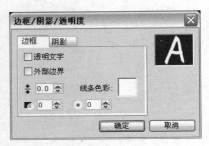

图 6.4-9

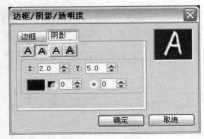

图 6.4-10

图 6.4-11

（4）在"动画"面板中勾选"应用动画"复选框，单击"类型"选项右侧的下拉按钮，在弹出的列表中选择"飞行"，单击"自定义动画属性"按钮 ，在弹出的对话框中进行设置，如图 6.4-12 所示，单击"确定"按钮，返回到"动画"面板中，如图 6.4-13 所示。在预览窗口中拖动飞梭栏滑块 ，在预览窗口中观看效果，如图 6.4-14 所示。

图 6.4-12

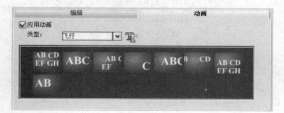

图 6.4-13

图 6.4-14

（5）单击步骤选项卡中的"分享"按钮
，切换至分享面板。在选项面板中单击
"创建视频文件"按钮，在弹出的列表中选择
"DVD/VCD/SVCD/MPEG > PAL MPEG2(720×576，
25fps)"选项，如图 6.4-15 所示，在弹出的"创建视
频文件"对话框中设置文件的名称和保存路径，如图

6.4-16 所示，单击"保存"按钮。渲染完成，输出的
视频文件自动添加到"视频"素材库中，效果如图
6.4-17 所示。

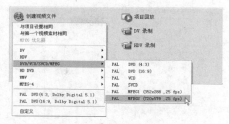

图 6.4-15

图 6.4-16

图 6.4-17

6.5　淡化字幕

知识要点：使用边框/阴影/透明度选项卡添加文
字灰色边框和黑色阴影。使用淡化动画制作淡化字
幕效果。

6.5.1　添加视频素材

（1）启动会声会影 11，在启动面板中选择"会
声会影编辑器"选项，如图 6.5-1 所示，进入会声会
影程序主界面。

图 6.5-1

（2）单击"视频"素材库中的"加载视频"按
钮，在弹出的"打开视频文件"对话框中选择光
盘目录下"Ch06 > 素材 > 淡化字幕 > 红色枫

叶.mpg"文件,如图 6.5-2 所示,单击"打开"按钮,所选中的视频素材被添加到素材库中,效果如图 6.5-3 所示。

图 6.5-2

图 6.5-3

(3)单击"时间轴"面板中的"时间轴视图"按钮，切换到时间轴视图。在素材库中选择"红色枫叶.mpg",按住鼠标左键将其拖曳至"视频轨"上,释放鼠标,效果如图 6.5-4 所示。

图 6.5-4

6.5.2 制作淡化字幕效果

(1)单击步骤选项卡中的"标题"按钮 标题,切换至标题面板,预览窗口中效果如图 6.5-5 所示。

图 6.5-5

(2)在预览窗口中双击鼠标,进入标题编辑状态。在"编辑"面板中勾选"多个标题"单选项,设置字体颜色为白色,并设置标题字体、字体大小、字体行距等属性,如图 6.5-6 所示,在预览窗口中输入需要的文字,效果如图 6.5-7 所示。

图 6.5-6

图 6.5-7

(3)在预览窗口选取文字"回",在"编辑"面板中设置字体大小,如图 6.5-8 所示,预览窗口中的文字效果如图 6.5-9 所示。用相同的方法分别选取需要的文字,在"编辑"面板中设置字体大小,取消文字的选取状态,效果如图 6.5-10 所示。

图 6.5-8

图 6.5-9

图 6.5-10

（4）双击"标题轨"，在预览窗口中显示文字，并拖曳文字到适当的位置，效果如图 6.5-11 所示。

图 6.5-11

（5）将鼠标置于标题轨素材右侧的黄色边框当上，鼠标指针呈双向箭头 ⇔ 时，向右拖曳调整标题轨素材的长度，使其与视频轨上的素材相对应，释放鼠标，效果如图 6.5-12 所示。双击"标题轨"，在预览窗口中显示文字。

图 6.5-12

（6）在"编辑"面板中单击"边框/阴影/透明度"按钮 T，弹出"边框/阴影/透明度"对话框，单击"线条色彩"选项的颜色块，在弹出的调色板中选择需要的颜色，其他选项的设置如图 6.5-13 所示。选择"阴影"选项卡，弹出"阴影"对话框，单击"下垂阴影"按钮 A，弹出相应的对话框，将"下垂阴影色彩"选项设为黑色，其他选项的设置如图 6.5-14 所示，单击"确定"按钮，预览窗口中效果如图 6.5-15 所示。

图 6.5-13

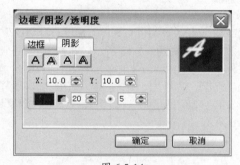

图 6.5-14

图 6.5-15

（7）在"动画"面板中勾选"应用动画"复选框，单击"类型"选项右侧的下拉按钮，在弹出的下拉列表中选择"淡化"选项，在"淡化"动画库中选择需要的动画效果应用到当前字幕，如图 6.5-16 所示。在预览窗口中拖动飞梭栏滑块 ▽，在预览窗口中观看效果，如图 6.5-17 所示。

图 6.5-16

图 6.5-17

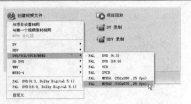

图 6.5-18

图 6.5-19

（8）单击步骤选项卡中的"分享"按钮 ，切换至分享面板。在选项面板中单击"创建视频文件"按钮，在弹出的列表中选择"DVD/VCD/SVCD/MPEG > PAL MPEG2(720×576，25fps)"选项，如图 6.5-18 所示。在弹出的"创建视频文件"对话框中设置文件的名称和保存路径，如图 6.5-19 所示，单击"保存"按钮。渲染完成，输出的视频文件自动添加到"视频"素材库中，效果如图 6.5-20 所示。

图 6.5-20

6.6 弹出字幕

知识要点：使用边框/阴影/透明度按钮添加文字灰色边框和黑色阴影。使用弹出动画效果制作弹出字幕效果。

6.6.1 添加视频素材

（1）启动会声会影 11，在启动面板中选择"会声会影编辑器"选项，如图 6.6-1 所示，进入会声会影程序主界面。

图 6.6-1

（2）单击"视频"素材库中的"加载视频"按钮，在弹出的"打开视频文件"对话框中选择光盘目录下"Ch06/素材/弹出字幕/蒲公英.mpg"文件，如图 6.6-2 所示，单击"打开"按钮，所选中的视频素材被添加到素材库中，效果如图 6.6-3 所示。

图 6.6-2

图 6.6-3

（3）单击“时间轴”面板中的“时间轴视图”按钮，切换到时间轴视图。在素材库中选择“蒲公英.mpg”，按住鼠标左键将其拖曳至“视频轨”上，释放鼠标，效果如图 6.6-4 所示。

图 6.6-4

6.6.2 制作淡化字幕效果

（1）单击步骤选项卡中的“标题”按钮，切换至标题面板，预览窗口中效果如图 6.6-5 所示。

图 6.6-5

（2）在预览窗口中双击鼠标，进入标题编辑状态。在“编辑”面板中勾选“多个标题”单选项，设置字体颜色为白色，并设置标题字体、字体大小、字体行距等属性，如图 6.6-6 所示，在预览窗口中输入需要的文字，效果如图 6.6-7 所示。

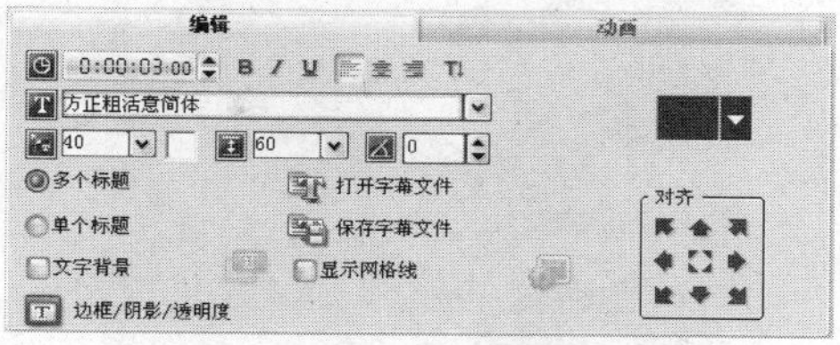

图 6.6-6

图 6.6-7

（3）在预览窗口选取文字“蒲公英”，在“编辑”面板设置字体大小，如图 6.6-8 所示，预览窗口中的文字效果如图 6.6-9 所示。

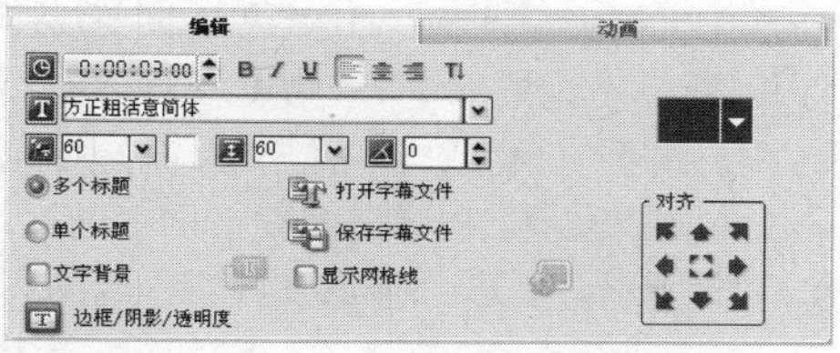

图 6.6-8

图 6.6-9

（4）双击“标题轨”，在预览窗口中显示文字，并拖曳文字到适当的位置，效果如图 6.6-10 所示。

图 6.6-10

（5）将鼠标置于标题轨素材右侧的黄色边框当上，鼠标指针呈双向箭头⇔时，向右拖曳调整标题轨素材的长度，使其与视频轨上的素材相对应，释放鼠标，效果如图 6.6-11 所示。双击"标题轨"，在预览窗口中显示文字。

图 6.6-11

（6）在"编辑"面板单击"边框/阴影/透明度"按钮，弹出"边框/阴影/透明度"对话框，单击"线条色彩"选项的颜色块，在弹出的列表中选择"友立色彩选取器"选项，在弹出的对话框中进行设置，如图 6.6-12 所示，单击"确定"按钮，返回到"边框"对话框中进行设置，如图 6.6-13 所示。选择"阴影"选项卡，弹出相应的对话框，单击"下垂阴影"按钮，将"下垂阴影色彩"选项设为黑色，其他选项的设置如图 6.6-14 所示，单击"确定"按钮，预览窗口中效果如图 6.6-15 所示。

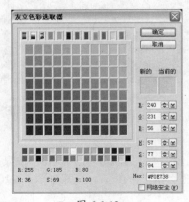

图 6.6-12

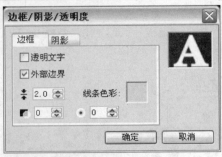

图 6.6-13

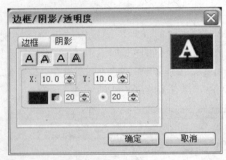

图 6.6-14

图 6.6-15

（7）在"动画"面板中勾选"应用动画"复选框，单击"类型"选项右侧的下拉按钮，在弹出的下拉列表中选择"弹出"选项，在"弹出"动画库中选择需要的动画效果应用到当前字幕，如图 6.6-16 所示。在预览窗口中拖动飞梭栏滑块，在预览窗口中观看效果，如图 6.6-17 所示。

图 6.6-16

图 6.6-17

图 6.6-19

（8）单击步骤选项卡中的"分享"按钮
![分享]，切换至分享面板。在选项面板中单击
"创建视频文件"按钮，在弹出的列表中选择
"DVD/VCD/SVCD/MPEG > PAL MPEG2(720×576，
25fps)"选项，如图 6.6-18 所示，在弹出的"创建视
频文件"对话框中设置文件的名称和保存路径，如图
6.6-19 所示，单击"保存"按钮。渲染完成，输出的
视频文件自动添加到"视频"素材库中，效果如图
6.6-20 所示。

图 6.6-20

图 6.6-18

6.7　翻转字幕

知识要点：使用边框/阴影/透明度按钮添加文字
深红色边框。使用翻转动画制作翻转字幕效果。

6.7.1　添加视频素材

（1）启动会声会影 11，在启动面板中选择"会
声会影编辑器"选项，如图 6.7-1 所示，进入会声会
影程序主界面。

图 6.7-1

（2）单击"视频"素材库中的"加载视频"按钮
![图标]，在弹出的"打开视频文件"对话框中选择光盘
目录下"Ch06 > 素材 > 翻转字幕 > 花海.mpg"文
件，如图 6.7-2 所示，单击"打开"按钮，所选中的
视频素材被添加到素材库中，效果如图 6.7-3 所示。

图 6.7-2

図 6.7-6

設置字体顔色為白色,並設置標題字体、字体大小、字体行距等属性,如図 6.7-6 所示,在預覧窗口中輸入需要的文字,効果如図 6.7-7 所示。

図 6.7-3

図 6.7-7

(3) 単击"時間軸"面板中的"時間軸視図"按鈕 ▤ ,切换到時間軸視図。在素材库中选择"花海.mpg",按住鼠标左键将其拖曳至"視頻軌"上,釈放鼠标,効果如図 6.7-4 所示。

(3) 在預覧窗口选取文字"花",在"編輯"面板設置字体大小,如図 6.7-8 所示,預覧窗口中的文字効果如図 6.7-9 所示。

図 6.7-8

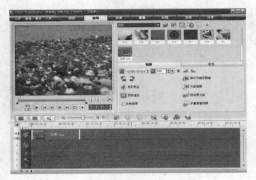

図 6.7-4

図 6.7-9

6.7.2　制作翻转字幕効果

(1) 単击步骤选项卡中的"標題"按鈕 標題 ,切换至標題面板,預覧窗口中効果如図 6.7-5 所示。

図 6.7-5

(2) 在預覧窗口中双击鼠标,进入標題編輯状态。在"編輯"面板中勾选"多个標題"単选项,

(4) 在預覧窗口选取文字"美丽",在"編輯"

160

面板设置标题字体，如图 6.7-10 所示，预览窗口中的文字效果如图 6.7-11 所示。

图 6.7-10

图 6.7-11

（5）双击"标题轨"，在预览窗口中显示文字，并拖曳文字到适当的位置，效果如图 6.7-12 所示。

图 6.7-12

（6）将鼠标置于标题轨素材右侧的黄色边框当上，鼠标指针呈双向箭头 ⬌ 时，向右拖曳调整标题轨素材的长度，使其与视频轨上的素材相对应，释放鼠标，效果如图 6.7-13 所示。双击"标题轨"，在预览窗口中显示文字。

图 6.7-13

（7）单击"边框/阴影/透明度"按钮 🅃，弹出"边框/阴影/透明度"对话框，在"边框"选项卡中单击"线条色彩"选项的颜色块，在弹出的调色板中选择需要的颜色，其他选项的设置如图 6.7-14 所示。选择"阴影"选项卡，单击"无阴影"按钮 🄰，如图 6.7-15 所示，单击"确定"按钮，预览窗口中效果如图 6.7-16 所示。

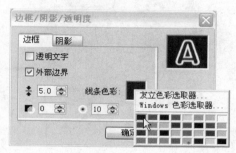

图 6.7-14

图 6.7-15

图 6.7-16

（8）在"动画"面板中勾选"应用动画"复选框，单击"类型"选项右侧的下拉按钮，在弹出的下拉列表中选择"翻转"选项，在"翻转"动画库中选择需要的动画效果应用到当前字幕，如图 6.7-17 所示。在预览窗口中拖动飞梭栏滑块 ▽，在预览窗口中观看效果，如图 6.7-18 所示。

图 6.7-17

图 6.7-18

（9）双击"标题轨"，在"属性"面板中将"区间"选项设为 7 秒，时间轴效果如图 6.7-19 所示。

图 6.7-19

（10）单击步骤选项卡中的"分享"按钮，切换至分享面板。在选项面板中单击"创建视频文件"按钮，在弹出的列表中选择"DVD/VCD/SVCD/MPEG > PAL MPEG2(720×576，25fps)"选项，如图 6.7-20 所示，弹出"MPEG 优化器"对话框，如图 6.7-21 所示，单击"接受"按钮，在弹出的"创建视频文件"对话框中设置文件的名称和保存路径，如图 6.7-22 所示，单击"保存"按钮。渲染完成，输出的视频文件自动添加到"视频"素材

库中，效果如图 6.7-23 所示。

图 6.7-20

图 6.7-21

图 6.7-22

图 6.7-23

6.8 缩放字幕

知识要点：使用边框/阴影/透明度按钮添加文字绿色边框。使用缩放动画制作缩放字幕效果。

6.8.1 添加视频素材

（1）启动会声会影 11，在启动面板中选择"会声会影编辑器"选项，如图 6.8-1 所示，进入会声会影程序主界面。

图 6.8-1

（2）单击"视频"素材库中的"加载视频"按钮，在弹出的"打开视频文件"对话框中选择光盘目录下"Ch06 > 素材 > 缩放字幕 > 麦穗.mpg"文件，如图 6.8-2 所示，单击"打开"按钮，所选中的视频素材被添加到素材库中，效果如图 6.8-3 所示。

图 6.8-2

图 6.8-3

（3）单击"时间轴"面板中的"时间轴视图"按钮，切换到时间轴视图。在素材库中选择"麦穗.mpg"，按住鼠标左键将其拖曳至"视频轨"上，释放鼠标，效果如图 6.8-4 所示。

图 6.8-4

6.8.2　制作缩放字幕效果

（1）单击步骤选项卡中的"标题"按钮，切换至标题面板，预览窗口中效果如图 6.8-5 所示。

图 6.8-5

（2）在预览窗口中双击鼠标，进入标题编辑状态。在"编辑"面板中勾选"多个标题"单选项，设置字体颜色为白色，并设置标题字体、字体大小、字体行距等属性，如图 6.8-6 所示，在预览窗口中输入需要的文字，效果如图 6.8-7 所示。

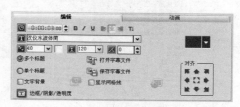

图 6.8-6

图 6.8-7

（3）将鼠标置于标题轨素材右侧的黄色边框上，当鼠标指针呈双向箭头 时，向右拖曳调整标题轨素材的长度，使其与视频轨上的素材相对应，释放鼠标，效果如图 6.8-8 所示。双击"标题轨"，在预览窗口中显示文字。

图 6.8-8

（4）在"编辑"面板中单击"边框/阴影/透明度"

按钮 ，弹出"边框/阴影/透明度"对话框，在"边框"选项卡中，单击"线条色彩"选项颜色块，在弹出的列表中选择"友立色彩选取器"选项，在弹出的对话框中进行设置，如图 6.8-9 所示，单击"确定"按钮，返回到"边框"对话框中进行设置，如图 6.8-10 所示。选择"阴影"选项卡，弹出"阴影"对话框，单击"光晕阴影"按钮 A，将"光晕阴影色彩"选项设为白色，其他选项的设置如图 6.8-11 所示，单击"确定"按钮，预览窗口中效果如图 6.8-12 所示。

图 6.8-9

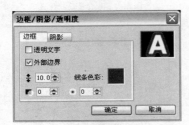

图 6.8-10

图 6.8-11

图 6.8-12

（5）在"动画"面板中勾选"应用动画"复选框，单击"类型"选项右侧的下拉按钮，在弹出的列表中选择"缩放"，单击"自定义动画属性"按钮 ，在弹出的对话框中进行设置，如图 6.8-13 所示，单击"确定"按钮，返回到"动画"面板中，如图 6.8-14 所示。在预览窗口中拖动飞梭栏滑块 ，在预览窗口中观看效果，如图 6.8-15 所示。

图 6.8-13

图 6.8-14

图 6.8-15

（6）单击步骤选项卡中的"分享"按钮 分享，切换至分享面板。在选项面板中单击"创建视频文件"按钮，在弹出的列表中选择"DVD/VCD/SVCD/MPEG > PAL MPEG2(720×576，25fps)"选项，如图 6.8-16 所示，在弹出的"创建视频文件"对话框中设置文件的名称和保存路径，如图 6.8-17 所示，单击"保存"按钮。渲染完成，输出的视频文件自动添加到"视频"素材库中，效果如图 6.8-18 所示。

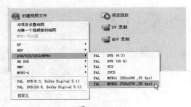

图 6.8-16

图 6.8-17

图 6.8-18

6.9 下降字幕

知识要点：使用边框/阴影/透明度按钮添加文字白色阴影。

6.9.1 添加视频素材

（1）启动会声会影11，在启动面板中选择"会声会影编辑器"选项，如图6.9-1所示，进入会声会影程序主界面。

图 6.9-1

（2）单击"视频"素材库中的"加载视频"按钮 ，在弹出的"打开视频文件"对话框中选择光盘目录下"Ch06 > 素材 > 下降字幕 > 公路.mpg"文件，如图6.9-2所示，单击"打开"按钮，所选中的视频素材被添加到素材库中，效果如图6.9-3所示。

图 6.9-2

图 6.9-3

（3）单击"时间轴"面板中的"时间轴视图"按钮 ，切换到时间轴视图。在素材库中选择"公路.mpg"，按住鼠标左键将其拖曳至"视频轨"上，释放鼠标，效果如图6.9-4所示。

图 6.9-4

6.9.2 制作文字下降字幕效果

（1）单击步骤选项卡中的"标题"按钮 标题 ，切换至标题面板，预览窗口中效果如图6.9-5所示。在预览窗口中双击鼠标，进入标题编辑状态。在"编辑"面板中勾选"多个标题"单选项，设置文字颜色为白色，并设置标题字体、字体大小、字体行距，其他属性的设置如图6.9-6所示。在预览窗口中输入需要的文字，效果如图 6.9-7 所示。

图 6.9-5

图 6.9-6

图 6.9-7

（2）将鼠标置于标题轨上的素材右侧的黄色边框上，当鼠标指针呈双向箭头 ⇔ 时，向右拖曳调整标题轨上素材的长度，使其与视频轨上的素材相对应，释放鼠标，效果如图 6.9-8 所示。双击"标题轨"在预览窗口中显示文字。在"编辑"面板中单击"对齐"选项组中的"对齐到下方中央"按钮 ，预览窗口中效果如图 6.9-9 所示。

图 6.9-8

图 6.9-9

（3）单击"边框/阴影/透明度"按钮 ，弹出"边框/阴影/透明度"对话框，在"边框"选项卡中将"线条色彩"选项设为白色，其他选项的设置如图 6.9-10 所示。选择"阴影"选项卡，单击"下垂阴影"按钮 ，将"下垂阴影色彩"选项设为白色，其他选项的设置如图 6.9-11 所示，单击"确定"按钮，预览窗口中效果如图 6.9-12 所示。

图 6.9-10

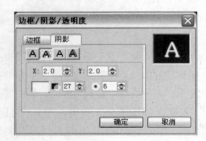

图 6.9-11

图 6.9-12

（4）在"动画"面板中勾选"应用动画"复选框，单击"类型"选项右侧的下拉按钮，在弹出的下拉列表中选择"下降"选项，在"下降"动画库中选择需要的动画效果应用到当前字幕，如图6.9-13 所示。在预览窗口中拖动飞梭栏滑块 ，在预览窗口中观看效果，如图6.9-14 所示。

图 6.9-13

图 6.9-14

（5）单击步骤选项卡中的"分享"按钮 ，切换至分享面板。在选项面板中单击"创建视频文件"按钮 ，在弹出的列表中选择"DVD/VCD/SVCD/MPEG > PAL MPEG2(720×576，25fps)"选项，如图 6.9-15 所示，在弹出的"创建视频文件"对话框中设置文件的名称和保存路径，如图6.9-16 所示，单击"保存"按钮。渲染完成，输出的

视频文件自动添加到"视频"素材库中，效果如图6.9-17 所示。

图 6.9-15

图 6.9-16

图 6.9-17

6.10 摇摆字幕

知识要点：使用边框/阴影/透明度按钮添加文字白色阴影效果。使用动画面板制作摇摆字幕效果。

6.10.1 添加视频素材

（1）启动会声会影 11，在启动面板中选择"会声会影编辑器"选项，如图 6.10-1 所示，进入会声会影程序主界面。

图 6.10-1

（2）单击"视频"素材库中的"加载视频"按钮 ，在弹出的"打开视频文件"对话框中选择光

盘目录下"Ch06 > 素材 > 摇摆字幕 > 儿童玩滑梯.mpg"文件，如图 6.10-2 所示，单击"打开"按钮，所选中的视频素材被添加到素材库中，效果如图 6.10-3 所示。

图 6.10-2

图 6.10-3

（3）单击"时间轴"面板中的"时间轴视图"按钮，切换到时间轴视图。在素材库中选择"儿童玩滑梯.mpg"文件，按住鼠标左键将其拖曳至"视频轨"上，释放鼠标，效果如图 6.10-4 所示。

图 6.10-4

6.10.2 制作摇摆字幕效果

（1）单击步骤选项卡中的"标题"按钮，切换至标题面板，预览窗口中效果如图 6.10-5 所示。在预览窗口中双击鼠标，进入标题编辑状态。在"编辑"面板中勾选"多个标题"单选项，单击"色彩"颜色块，在弹出的面板中选择"友立色彩选取器"

选项，在弹出的"友立色彩选取器"对话框中进行设置，如图 6.10-6 所示，单击"确定"按钮，"编辑"面板中其他属性的设置如图 6.10-7 所示。在预览窗口中输入需要的文字，效果如图 6.10-8 所示。

图 6.10-5

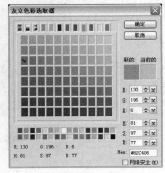

图 6.10-6

图 6.10-7

图 6.10-8

（2）将鼠标置于标题轨上的素材右侧的黄色边框上，当鼠标指针呈双向箭头 ⇔ 时，向右拖曳调整标题轨上素材的长度，使其与视频轨上的素材相对应，释放鼠标，效果如图 6.10-9 所示。双击"标题轨"，在预览窗口中显示文字。在"编辑"面板中单击"对齐"选项组中的"居中"按钮 ◇，预览窗口中效果如图 6.10-10 所示。

图 6.10-9

图 6.10-10

（3）单击"边框/阴影/透明度"按钮 [T]，弹出"边框/阴影/透明度"对话框，在"边框"选项卡中，单击"线条色彩"颜色块，在弹出的面板中选择"友立色彩选取器"选项，在弹出的对话框中进行设置，如图 6.10-11 所示，单击"确定"按钮，返回到"边框/阴影/透明度"对话框中进行设置，如图 6.10-12 所示。选择"阴影"选项卡，单击"光晕阴影"按钮 A，将"光晕阴影色彩"选项设为白色，其他选项的设置如图 6.10-13 所示，单击"确定"按钮，预览窗口中效果如图 6.10-14 所示。

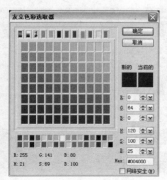

图 6.10-11

图 6.10-12

图 6.10-13

图 6.10-14

（4）在"动画"面板中勾选"应用动画"复选框，单击"类型"选项右侧的下拉按钮，在弹出的下拉列表中选择"摇摆"选项，在"摇摆"动画库中选择需要的动画效果应用到当前字幕，如图 6.10-15 所示。在预览窗口中拖动飞梭栏滑块 ▽，在预览窗口中观看效果，如图 6.10-16 所示。

图 6.10-15

图 6.10-16

（5）单击步骤选项卡中的"分享"按钮，切换至分享面板。在选项面板中单击"创建视频文件"按钮，在弹出的列表中选择"DVD/VCD/SVCD/MPEG > PAL MPEG2(720×576, 25fps)"选项，如图 6.10-17 所示。在弹出的"创建视频文件"对话框中设置文件的名称和保存路径，如图 6.10-18 所示，单击"保存"按钮。渲染完成，输出的视频文件自动添加到"视频"素材库中，效果如图 6.10-19 所示。

图 6.10-18

图 6.10-17

图 6.10-19

6.11 移动路径字幕

知识要点： 使用边框/阴影/透明度按钮添加文字黄绿色阴影。使用动画面板制作移动路径字幕效果。

6.11.1 添加视频素材

（1）启动会声会影 11，在启动面板中选择"会声会影编辑器"选项，如图 6.11-1 所示，进入会声会影程序主界面。

图 6.11-1

（2）单击"视频"素材库中的"加载视频"按钮，在弹出的"打开视频文件"对话框中选择光盘目录下"Ch06 > 素材 > 移动路径字幕 > 海鸥.mpg"文件，如图 6.11-2 所示，单击"打开"按钮，所选中的视频素材被添加到素材库中，效果如图 6.11-3 所示。

图 6.11-2

图 6.11-3

（3）单击"时间轴"面板中的"时间轴视图"按钮，切换到时间轴视图。在素材库中选择"海鸥.mpg",按住鼠标左键将其拖曳至"视频轨"上,释放鼠标,效果如图 6.11-4 所示。

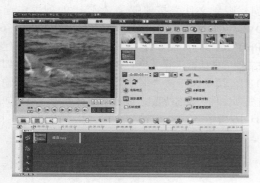

图 6.11-4

6.11.2 制作移动路径字幕

(1)单击步骤选项卡中的"标题"按钮 标题 ,切换至标题面板,预览窗口中效果如图 6.11-5 所示。在预览窗口中双击鼠标,进入标题编辑状态。在"编辑"面板中勾选"多个标题"单选项,设置标题字体、字体大小、字体行距为 60,单击"色彩"选项的颜色块,在弹出的调色板中选择需要的颜色,其他属性的设置如图 6.11-6 所示。在预览窗口中输入需要的文字,效果如图 6.11-7 所示。

图 6.11-5

图 6.11-6

图 6.11-7

(2)将鼠标置于标题轨上的素材右侧的黄色边框上,当鼠标指针呈双向箭头 ⇔ 时,向右拖曳调整标题轨上素材的长度,使其与视频轨上的素材相对应,释放鼠标,效果如图 6.11-8 所示。双击"标题轨"在预览窗口中显示文字。

图 6.11-8

(3)在"编辑"面板中单击"边框/阴影/透明度"按钮 T ,弹出"边框/阴影/透明度"对话框。在"边框"选项卡中,将"线条色彩"选项设为白色,其他选项的设置如图 6.11-9 所示。选择"阴影"选项卡,单击"突起阴影"按钮 A ,弹出相应的对话框。单击"色彩"颜色块,在弹出的调色板中选择需要的颜色,其他选项的设置如图 6.11-10 所示,单击"确定"按钮,预览窗口中效果如图 6.11-11 所示。

图 6.11-9

171

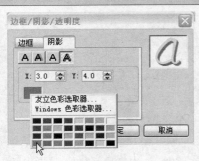

图 6.11-10

图 6.11-11

（4）在"动画"面板中勾选"应用动画"复选框，单击"类型"选项右侧的下拉按钮，在弹出的下拉列表中选择"移动路径"选项，在"移动路径"动画库中选择需要的动画效果应用到当前字幕，如图 6.11-12 所示。在预览窗口中拖动飞梭栏滑块，在预览窗口中观看效果，如图 6.11-13 所示。

图 6.11-12

图 6.11-13

（5）单击步骤选项卡中的"分享"按钮，切换至分享面板。在选项面板中单击"创建视频文件"按钮，在弹出的列表中选择"DVD/VCD/SVCD/MPEG > PAL MPEG2(720×576, 25fps)"选项，如图 6.11-14 所示。在弹出的"创建视频文件"对话框中设置文件的名称和保存路径，如图 6.11-15 所示，单击"保存"按钮。渲染完成，输出的视频文件自动添加到"视频"素材库中，效果如图 6.11-16 所示。

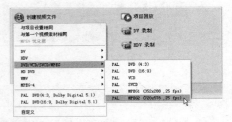

图 6.11-14

图 6.11-15

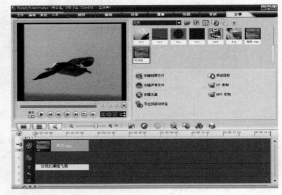

图 6.11-16

第7章

添加完美音频

7.1 剪辑音频素材

知识要点： 使用区间选项设置时间的长度。

（1）启动会声会影 11，在启动面板中选择"会声会影编辑器"选项，如图 7.1-1 所示，进入会声会影程序主界面。

图 7.1-1

（2）单击步骤选项卡中的"音频"按钮 音频 ，切换至效果面板。单击"音频"素材库中的"加载音频"按钮 📁 ，在弹出的"打开音频文件"对话框中选择光盘目录下"Ch07 > 素材 > 剪辑音频素材 > 音乐.wav"文件，如图 7.1-2 所示，单击"打开"按钮，所选中的音频素材被添加到素材库中，效果如图 7.1-3 所示。

图 7.1-2

图 7.1-3

（3）在素材库中选择"音乐.wav"，按住鼠标左

键将其拖曳至"音乐轨"上，释放鼠标，效果如图 7.1-4 所示。

图 7.1-4

（4）在时间轴标尺上拖曳位置标记 ▽ 至将要剪切音频的位置，如图 7.1-5 所示。

图 7.1-5

（5）将鼠标置于音频轨素材左侧的黄色边框上，当鼠标指针呈双向箭头 ⇔ 时，向右拖曳调整音频轨素材的长度，使其与时间轴上的位置标记对应，释放鼠标，效果如图 7.1-6 所示。

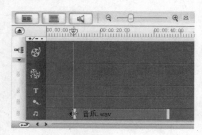

图 7.1-6

（6）在"音乐和声音"面板中将"区间"选项设为 20 秒，如图 7.1-7 所示。"时间轴"中效果如图 7.1-8 所示。

图 7.1-7

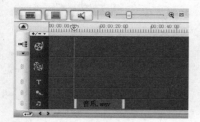

图 7.1-8

（7）将鼠标置于音频轨素材左侧的黄色边框上，当鼠标指针呈双向箭头 ⬌ 时，向左拖曳调整音频轨素材的长度，释放鼠标，效果如图 7.1-9 所示。

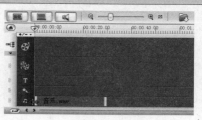

图 7.1-9

（8）在预览窗口可以看到音频文件持续时间延长了，效果如图 7.1-10 所示。

图 7.1-10

7.2　调节音量大小

知识要点：使用音频视图按钮控制音量大小。

（1）启动会声会影 11，在启动面板中选择"会声会影编辑器"选项，如图 7.2-1 所示，进入会声会影程序主界面。

图 7.2-1

（2）单击步骤选项卡中的"音频"按钮 音频 ，切换至效果面板。单击"音频"素材库中的"加载音频"按钮 📁，在弹出的"打开音频文件"对话框中选择光盘目录下"**Ch07 ＞ 素材 ＞调节音量大小 ＞ 音乐.wav**"文件，如图 7.2-2 所示，单击"打开"按钮，所选中的音频素材被添加到素材库中，效果如图 7.2-3 所示。

图 7.2-2

图 7.2-3

（3）在"音乐和声音"面板中将"素材声音"选项设为 56，如图 7.2-4 所示。

图 7.2-4

（4）在素材库中选择"音乐.wav"，按住鼠标左键将其拖曳至"音乐轨"上，释放鼠标，效果如图 7.2-5 所示。

图 7.2-5

（5）单击"时间轴"面板中的时间轴视图"音频视图"按钮 ，切换到音频视图，如图 7.2-6 所示。

图 7.2-6

（6）将时间滑块移动到 4 帧处，如图 7.2-7 所示。在"环绕混合"面板中将"音量"降到最低，如图 7.2-8 所示。"时间轴"中效果如图 7.2-9 所示。

图 7.2-7

图 7.2-8

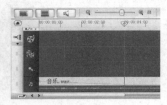

图 7.2-9

（7）将时间滑块移动到 16 帧处，如图 7.2-10 所示。在"环绕混合"面板中将音量恢复到默认值，如图 7.2-11 所示。

图 7.2-10

图 7.2-11

（8）在"时间轴"中可以看到音量调节线变成了曲线，这表示在不同时间的音量变化，如图 7.2-12 所示。

图 7.2-12

7.3　调整音频速率

知识要点：使用回放速度按钮调整音频速率。

（1）启动会声会影 11，在启动面板中选择"会声会影编辑器"选项，如图 7.3-1 所示，进入会声会影程序主界面。

图 7.3-1

（2）单击步骤选项卡中的"音频"按钮 音频 ，切换至效果面板。单击"音频"素材库中的"加载音频"按钮 ，在弹出的"打开音频文件"对话框中选择光盘目录下"Ch07 > 素材 >调整音频速率 > 音乐.mp3"文件，如图 7.3-2 所示，单击"打开"按钮，所选中的音频素材被添加到素材库中，效果如图 7.3-3 所示。

图 7.3-2

图 7.3-3

（3）在素材库中选择"音乐.mp3"，按住鼠标左键将其拖曳至"音乐轨"上，释放鼠标，效果如图 7.3-4 所示。

图 7.3-4

（4）在"音乐和声音"面板中单击"回放速度"按钮 ，在弹出的对话框中进行设置，如图 7.3-5 所示，单击"预览"按钮，可以听到放慢的音频效果。在"回放速度"对话框中再次设置，如图 7.3-6 所示，预览完毕，单击"确定"按钮。

图 7.3-5

图 7.3-6

（5）在"时间轴"面板中音频文件持续时间的变化效果，如图 7.3-7 所示。

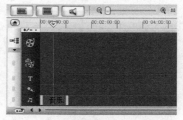

图 7.3-7

7.4 消除声音中的噪声

知识要点：使用音频滤镜按钮消除声音中的噪声。

（1）启动会声会影 11，在启动面板中选择"会声会影编辑器"选项，如图 7.4-1 所示，进入会声会影程序主界面。

图 7.4-1

（2）单击步骤选项卡中的"音频"按钮 音频 ，切换至效果面板。单击"音频"素材库中的"加载音频"按钮 ，在弹出的"打开音频文件"对话框中选择光盘目录下"Ch07＞ 素材 ＞消除声音中的噪声 ＞ 音乐.wav"文件，如图 7.4-2 所示，单击"打开"按钮，所选中的音频素材被添加到素材库中，效果如图 7.4-3 所示。

（3）在素材库中选择"音乐.wav"按住鼠标左键将其拖曳至"音乐轨"上，释放鼠标，效果如图 7.4-4 所示。

图 7.4-2

图 7.4-3

图 7.4-4

（4）在"音乐和声音"面板中单击"音频滤镜"按钮 ，弹出"音频滤镜"对话框，在"可用滤镜"选项组下方选择"删除噪声"滤镜，如图 7.4-5 所示，单击"添加"按钮，将其添加到"已用滤镜"选项组中，如图 7.4-6 所示，单击"选项"按钮，在弹出的对话框中进行设置，如图 7.4-7 所示，单击"确定"按钮，返回到"音频滤镜"对话框，单击"确定"按钮。

图 7.4-5

图 7.4-6

图 7.4-7

（5）在"时间轴"面板中音频文件持续时间的变化效果如图 7.4-8 所示。

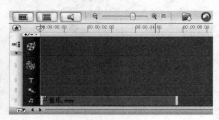

图 7.4-8

7.5　添加淡入和淡出效果

知识要点：使用淡入按钮和淡出按钮制作声音淡入淡出效果。

（1）启动会声会影 11，在启动面板中选择"会声会影编辑器"选项，如图 7.5-1 所示，进入会声会影程序主界面。

图 7.5-1

（2）单击步骤选项卡中的"音频"按钮 音频，切换至效果面板。单击"音频"素材库中的"加载音频"按钮 ，在弹出的"打开音频文件"对话框中选择光盘目录下"Ch07 > 素材 >添加淡入和淡出效果 > 音乐.mp3"文件，如图 7.5-2 所示，单击"打开"按钮，所选中的音频素材被添加到素材库中，效果如图 7.5-3 所示。

图 7.5-2

图 7.5-3

（3）在素材库中选择"音乐.mp3"按住鼠标左键将其拖曳至"音乐轨"上，释放鼠标，效果如图 7.5-4 所示。

图 7.5-4

（4）在"音乐和声音"面板中单击"淡入"按钮 和"淡出"按钮 ，如图 7.5-5 所示。

图 7.5-5

7.6　制作声音的变调效果

知识要点：使用音频滤镜按钮制作声音变调效果。

（1）启动会声会影 11，在启动面板中选择"会声会影编辑器"选项，如图 7.6-1 所示，进入会声会影程序主界面。

图 7.6-1

（2）单击步骤选项卡中的"音频"按钮 音频，切换至效果面板。单击"音频"素材库中的"加载音频"按钮 ，在弹出的"打开音频文件"对话框中选择光盘目录下"Ch07 > 素材 >制作声音的变调效果 > 音乐.mp3"文件，如图 7.6-2 所示，单击"打开"按钮，所选中的音频素材被添加到素材库中，效果如图 7.6-3 所示。

图 7.6-2

图 7.6-3

（3）在素材库中选择"音乐.mp3"，按住鼠标左键将其拖曳至"音乐轨"上，释放鼠标，效果如图 7.6-4 所示。

图 7.6-4

（4）在"音乐和声音"面板中单击"音频滤镜"按钮 ，弹出"音频滤镜"对话框，在"可用滤镜"

选项组下方选择"音调偏移"滤镜，如图 7.6-5 所示，单击"添加"按钮，将其添加到"已用滤镜"选项组中，如图 7.6-6 所示，单击"选项"按钮，在弹出的对话框中进行设置，如图 7.6-7 所示，单击对话框下方的"播放"按钮，可以听到音乐的音调降低了。

图 7.6-5

图 7.6-6

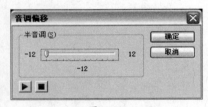

图 7.6-7

（5）将"半音调"选项设为 12，如图 7.6-8 所示，单击对话框下方的"播放"按钮，可以听到音乐的音调升高了。

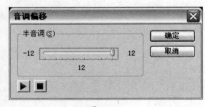

图 7.6-8

（6）如果音调还不是很高，可以再添加一个"音调偏移"滤镜到当前音频素材，如图 7.6-9 所示。单击"选项"按钮，在弹出的对话框中进行设置，如图 7.6-10 所示，单击"确定"按钮。

图 7.6-9

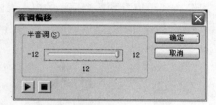

图 7.6-10

（7）如果在预听音频效果时音调提高很多，音乐内容已经无法分辨了，此时重新打开"音频滤镜"对话框，在"已用滤镜"选项组中选中一个"音调

偏移"滤镜，如图 7.6-11 所示，单击"删除"按钮，效果如图 7.6-12 所示。

图 7.6-11

图 7.6-12

7.7 巧妙控制声源位置

知识要点：使用音频视图按钮巧妙控制声源位置。

（1）启动会声会影 11，在启动面板中选择"会声会影编辑器"选项，如图 7.7-1 所示，进入会声会影程序主界面。

图 7.7-1

（2）单击步骤选项卡中的"音频"按钮 音频，切换至效果面板。单击"音频"素材库中的"加载音频"按钮 ，在弹出的"打开音频文件"对话框中选择光盘目录下"Ch07 > 素材 >巧妙控制声源位置 > 音乐.mp3"文件，如图 7.7-2 所示，单击"打开"按钮，所选中的音频素材被添加到素材库中，效果如图 7.7-3 所示。

图 7.7-2

图 7.7-3

（3）在素材库中选择"音乐.mp3"，按住鼠标左键将其拖曳至"音乐轨"上，释放鼠标，效果如图 7.7-4 所示。

图 7.7-4

（4）单击"时间轴"面板上方的"音频视图"按钮  ，切换到音频视图，如图 7.7-5 所示。

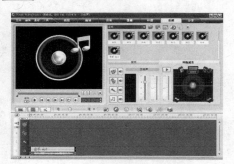

图 7.7-5

（5）单击"时间轴"上方的"启用/禁用 5.1 环绕声"按钮 ，弹出提示对话框，如图 7.7-6 所示，单击"确定"按钮。

图 7.7-6

（6）在"环绕混音"面板中单击"播放"按钮，播放项目声音，可以看到面板右边各个声道的电平显示，如图 7.7-7 所示。

图 7.7-7

（7）在"环绕混音"面板右边的声场控制区中移动声源位置，可以看到各个声道的电平发生了改变，如图 7.7-8 所示，同时也可以感觉到喇叭中声音的变化。

图 7.7-8

（8）继续改变声源位置，可以看到各个声道的电平也同时发生变化，如图 7.7-9 所示。

图 7.7-9

（9）在"音频轨"中生成很多关键帧，如图 7.7-10 所示。

图 7.7-10

7.8　制作回音

知识要点：使用长回音滤镜制作回音效果。

（1）启动会声会影 11，在启动面板中选择"会声会影编辑器"选项，如图 7.8-1 所示，进入会声会影程序主界面。

图 7.8-1

（2）单击步骤选项卡中的"音频"按钮 音频 ，切换至效果面板。单击"音频"素材库中的"加载音频"按钮 📁 ，在弹出的"打开音频文件"对话框中选择光盘目录下"Ch07 > 素材 >制作回音 > 声音.wav"文件，如图 7.8-2 所示，单击"打开"按钮，所选中的音频素材被添加到素材库中，效果如图 7.8-2 所示。

图 7.8-2

图 7.8-3

（3）在素材库中选择"声音.wav"，按住鼠标左键将其拖曳至"音乐轨"上，释放鼠标，效果如图 7.8-4 所示。

图 7.8-4

（4）在"音乐和声音"面板中单击"音频滤镜"按钮 🎚 ，弹出"音频滤镜"对话框，在"可用滤镜"选项组下方选择"长回音"滤镜，如图 7.8-5 所示，单击"添加"按钮，将其添加到"已用滤镜"选项组中，如图 7.8-6 所示，单击"确定"按钮。

图 7.8-5

图 7.8-6

（5）在预览窗口中拖动飞梭栏滑块 ▽ ，可以听到音频效果，如图 7.8-7 所示。

图 7.8-7

（6）如果回音效果不够理想，可以再次打开"音频滤镜"对话框，再次添加一个"长回音"滤镜，如图 7.8-8 所示，单击"确定"按钮。这样回音效果就比较理想。

图 7.8-8

读书笔记

第8章

分享与输出影片

8.1 使用影片向导快速制作影片

知识要点：使用 Tube02 相册影片向导快速制作影片效果。

8.1.1 添加图像素材

（1）启动会声会影 11，在启动面板中选择"影片向导"选项，如图 8.1-1 所示，进入会声会影向导界面。单击"素材库"展开按钮，将"素材库"展开，效果如图 8.1-2 所示。

图 8.1-1

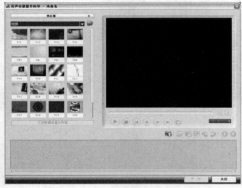

图 8.1-2

（2）单击素材库中"画廊"按钮▼，在弹出的列表中选择"图像"，效果如图 8.1-3 所示。

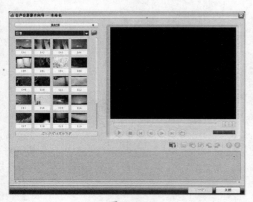

图 8.1-3

（3）单击"图像"素材库面板中"将图像素材加载视频"按钮█，在弹出的"打开"对话框中选择光盘目录下"Ch08 > 素材 > 使用影片向导快速制作影片 > 人物 1.jpg、人物 2.jpg、人物 3.jpg、人物 4.jpg"文件，如图 8.1-4 所示，单击"打开"按钮，所有选中的图像素材被插入到素材库中，效果如图 8.1-5 所示。

图 8.1-4

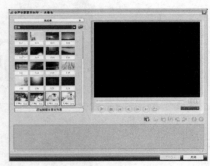

图 8.1-5

8.1.2 制作影片向导快速影片

（1）在"图像"素材库中将刚刚导入的"人物 1.jpg、人物 2.jpg、人物 3.jpg、人物 4.jpg"文件，全部拖曳到"列表"中，如图 8.1-6 所示。

图 8.1-6

（2）单击"下一步"按钮，进入影片编辑步骤，单击"主题模板"选项右侧的按钮 ，在弹出的列表中选择"相册"选项，效果如图 8.1-7 所示。

图 8.1-7

（3）在"相册"模板组中选择"Tube02 相册"作为当前影片的模板。在预览窗口中拖动飞梭栏滑块 ，在预览窗口中观看效果，如图 8.1-8 所示。

图 8.1-8

8.1.3 添加文字

（1）单击"标题"选项右侧的按钮 ，在弹出的列表中选择主标题，在预览窗口中将文字改为"女性休闲"，如图 8.1-9 所示，单击"文字属性"按钮 ，在弹出的对话框中进行设置，如图 8.1-10 所示，单击"确定"按钮。拖曳文字到适当的位置，效果如图 8.1-11 所示。

图 8.1-9

图 8.1-10

图 8.1-11

（2）使用相同的方法，将片尾文字改为"再见"，单击"文字属性"按钮 ，在弹出的对话框中进行设置，如图 8.1-12 所示，单击"确定"按钮。预览窗口效果如图 8.1-13 所示。

图 8.1-12

图 8.1-13

（3）单击"下一步"按钮，进入到影片输出步骤，这里可以将影片输出为视频文件，刻录为视频光盘或者转到"会声编辑器"中再进行编辑。单击"创建视频文件"按钮，在弹出的列表中选择"DVD/VCD/SVCD/MPEG > PAL DVD(4.3)"，如图8.1-14 所示。在弹出的"创建视频文件"对话框中设置影片名称和保存路径，如图 8.1-15 所示，单击"保存"按钮。

（4）系统开始渲染并输出影片，如图 8.1-16 所示，渲染完成，弹出提示对话框，单击"确定"按钮。

图 8.1-15

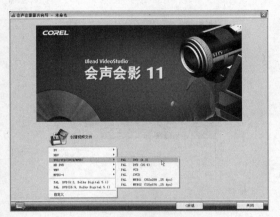

图 8.1-14

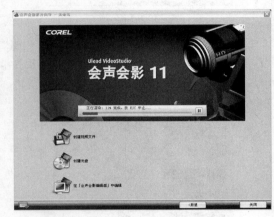

图 8.1-16

8.2　制作 VCD 影片

知识要点：使用项目属性命令设置影片的属性。

（1）启动会声会影 11，在启动面板中选择"会声会影编辑器"选项，如图 8.2-1 所示，进入会声会影程序主界面。

图 8.2-1

（2）选择"文件 > 项目属性"命令，在弹出的对话框中进行设置，如图 8.2-2 所示。单击"编辑"按钮，弹出相应的对话框，单击"常规"选项卡，

在弹出的相应对话框中进行设置，如图 8.2-3 所示。单击"压缩"选项卡，在弹出的相应对话框中进行设置，如图 8.2-4 所示，单击"确定"按钮，返回到"项目属性"对话框，单击"确定"按钮，弹出提示对话框，单击"确定"按钮。

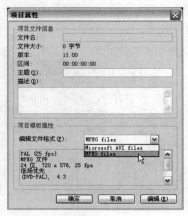

图 8.2-2

图 8.2-3

图 8.2-4

（3）单击"视频"素材库中的"加载视频"按钮，在弹出的"打开视频文件夹"对话框中选择光盘目录下"Ch08 > 素材 > 制作 VCD 影片 > 麦田.mpg"文件，如图 8.2-5 所示，单击"打开"按钮，所选中的视频素材被插入到素材库中，效果如图 8.2-6 所示。

图 8.2-5

图 8.2-6

（4）单击"时间轴"面板中的"时间轴视图"按钮，切换到时间轴视图。在素材库中选择"麦田.mpg"，按住鼠标左键将其拖曳至"视频轨"上，释放鼠标，效果如图 8.2-7 所示。

图 8.2-7

（5）单击步骤选项卡中的"分享"按钮，切换至分享面板。单击"创建视频文件"按钮，在弹出的列表中选择"DVD/VCD/SVCD/MPEG > PAL VCD"，如图 8.2-8 所示，在弹出的"创建视频文件"对话框中设置文件的名称和保存路径，如图 8.2-9 所示。单击"选项"按钮，在弹出的对话框中进行设置，如图 8.2-10 所示。单击"确定"按钮，返回到"创建视频文件"对话框，单击"保存"按钮，系统开始渲染输出视频文件。

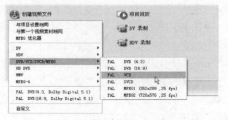

图 8.2-8

图 8.2-9

图 8.2-10

（6）渲染完成，输出的 VCD 影片自动添加到"视频"素材库中，在刚刚创建的视频文件上单击鼠标右键，在弹出的列表中选择"属性"，在弹出的对话框中可以看到视频文件的格式信息。文件的帧尺寸和数据速率等都符合标准的 VCD 格式，如图 8.2-11 所示。

图 8.2-11

8.3 制作 DVD 影片

知识要点：使用项目属性命令设置影片的属性。使用 PAL DVD（4∶3）选项输出 DVD 影片。

8.3.1 设置影片输出的类型

（1）启动会声会影 11，在启动面板中选择"会声会影编辑器"选项，如图 8.3-1 所示，进入会声会影程序主界面。

图 8.3-1

（2）选择"文件 > 项目属性"命令，在弹出的对话框中进行设置，如图 8.3-2 所示。单击"编辑"按钮，弹出相应的对话框，单击"常规"选项卡，在弹出的相应对话框中进行设置，如图 8.3-3 所示。单击"压缩"选项卡，在弹出的相应对话框中进行设置，如图 8.3-4 所示。单击"确定"按钮，返回到"项目属性"对话框，单击"确定"按钮，弹出提示对话框，单击"确定"按钮。

图 8.3-2

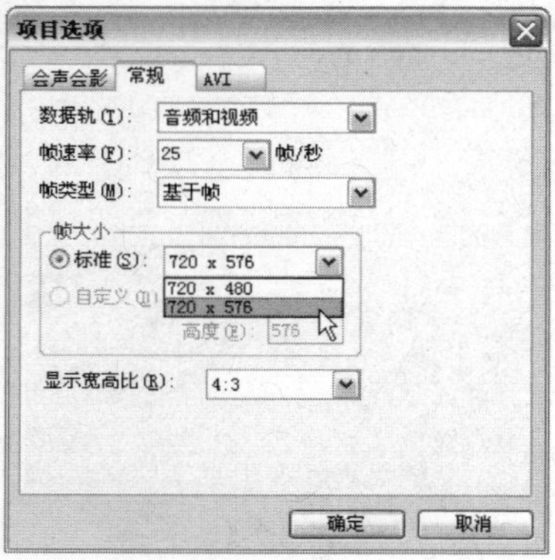

图 8.3-3

图 8.3-4

8.3.2 制作 DVD 影片

（1）单击"视频"素材库中的"加载视频"按钮，在弹出的"打开视频文件夹"对话框中选择光盘目录下"Ch08 > 素材 > 制作 DVD 影片 > 下雪.MOV"文件，如图 8.3-5 所示，单击"打开"按钮，所选中的视频素材被插入到素材库中，效果如图 8.3-6 所示。

图 8.3-5

图 8.3-6

（2）单击"时间轴"面板中的"时间轴视图"按钮，切换到时间轴视图。在素材库中选择"下雪.MOV"，按住鼠标左键将其拖曳至"视频轨"上，释放鼠标，效果如图 8.3-7 所示。

图 8.3-7

（3）单击步骤选项卡中的"分享"按钮，切换至分享面板。在选项面板中单击"创建视频文件"按钮，在弹出的列表中选择"DVD/VCD/SVCD/MPEG > PAL DVD（4∶3）"选项，如图 8.3-8 所示，在弹出的"创建视频文件"对话框中设置文件的名称和保存路径，如图 8.3-9 所示，单击"选项"按钮，在弹出的对话框中进行设置，如图 8.3-10 所示，单击"确定"按钮，返回到"创建视频文件"对话框，单击"保存"按钮，系统开始渲染输出视频文件。

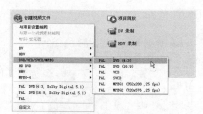

图 8.3-8

图 8.3-9

图 8.3-10

（4）渲染完成，输出的 DVD 影片自动添加到"视频"素材库中，在刚刚创建的视频文件上单击鼠标右键，在弹出的列表中选择"属性"，在弹出的对话框中可以看到视频文件的格式信息、文件的帧尺寸和数据速率等都符合标准的 DVD 格式，如图8.3-11 所示。

图 8.3-11

8.4　制作可用手机播放的 MPEG-4 影片

知识要点：使用 Mobile phone MPEG-4 选项制作手机播放的 MPEG-4 影片。

8.4.1　添加视频素材

（1）启动会声会影 11，在启动面板中选择"会声会影编辑器"选项，如图 8.4-1 所示，进入会声会影程序主界面。

图 8.4-1

（2）单击"视频"素材库中的"加载视频"按钮，在弹出的"打开视频文件夹"对话框中选择光盘目录下"Ch08 > 素材 > 制作可用手机播放的 MPEG-4 影片 > 花海.mpg"文件，如图 8.4-2 所示，单击"打开"按钮，所选中的视频素材被插入到素材库中，效果如图 8.4-3 所示。

图 8.4-2

图 8.4-3

（3）单击"时间轴"面板中的"时间轴视图"按钮，切换到时间轴视图。在素材库中选择"花海.mpg"，按住鼠标左键将其拖曳至"视频轨"上，释放鼠标，效果如图 8.4-4 所示。

图 8.4-4

8.4.2　制作手机播放的 MPEG-4 影片

（1）单击步骤选项卡中的"分享"按钮，切换至分享面板。在选项面板中单击

"创建视频文件"按钮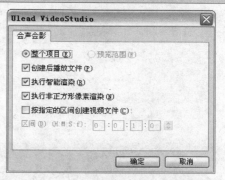，在弹出的列表中选择"MPEG-4 > Mobile phone　MPEG-4"，如图 8.4-5 所示。在弹出的"创建视频文件"对话框中设置文件的名称和保存路径，如图 8.4-6 所示，单击"选项"按钮，在弹出的对话框中进行设置，如图 8.4-7 所示。单击"确定"按钮，返回到"创建视频文件"对话框，单击"保存"按钮，系统开始渲染输出视频文件。

图 8.4-7

（2）渲染完成，输出的视频文件自动添加到"视频"素材库中，在刚刚创建的视频文件上单击鼠标右键，在弹出的列表中选择"属性"，在弹出的对话框中可以看到视频文件的格式信息，这与手机兼容的视频格式是一致的，如图 8.4-8 所示。

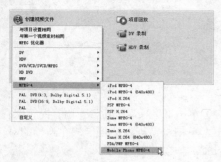

图 8.4-5

图 8.4-8

图 8.4-6

8.5　制作小尺寸的 RM 影片

知识要点：使用创建视频文件按钮制作小尺寸的 RM 影片。

8.5.1　添加视频素材

（1）启动会声会影 11，在启动面板中选择"会声会影编辑器"选项，如图 8.5-1 所示，进入会声会影程序主界面。

图 8.5-1

（2）单击"视频"素材库中的"加载视频"按钮，在弹出的"打开视频文件夹"对话框中选择光盘目录下"Ch08 > 素材 > 制作小尺寸的 RM 影片 > 麦田.mpg"文件，如图 8.5-2 所示。单击"打开"按钮，所选中的视频素材被插入到素材库中，效果如图 8.5-3 所示。

图 8.5-2

图 8.5-3

（3）单击"时间轴"面板中的"时间轴视图"按钮 ▤ ，切换到时间轴视图。在素材库中选择"麦田.mpg"，按住鼠标左键将其拖曳至"视频轨"上，释放鼠标，效果如图 8.5-4 所示。

图 8.5-4

8.5.2 制作小尺寸的 RM 影片

（1）单击步骤选项卡中的"分享"按钮 分享 ，切换至分享面板。在选项面板中单击"创建视频文件"按钮 ，在弹出的列表中选择"自定义"选项，如图 8.5-5 所示。

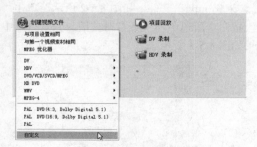

图 8.5-5

（2）在弹出的"创建视频文件"对话框中将"保存类型"设为 RM 格式，如图 8.5-6 所示。

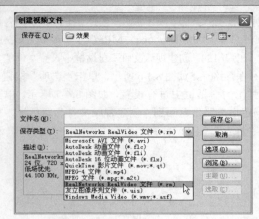

图 8.5-6

（3）单击"选项"按钮，弹出"视频保存选项"对话框，单击"常规"选项卡，在弹出的对话框中进行设置，如图 8.5-7 所示。

图 8.5-7

（4）单击"配置"选项卡，在弹出的相应对话框中进行设置，如图 8.5-8 所示，单击"确定"按钮，返回到"创建视频文件"对话框中，设置文件的名称和保存路径，如图 8.5-9 所示，单击"保存"按钮。

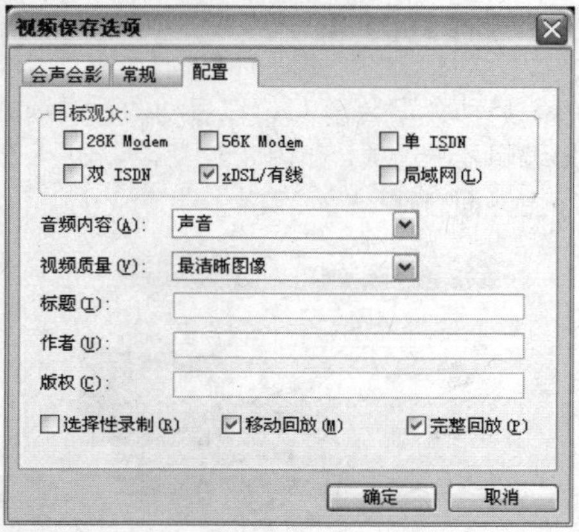

图 8.5-8

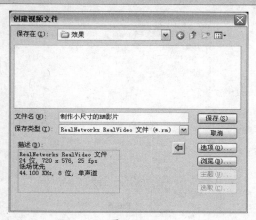

图 8.5-9

图 8.5-10

图 8.5-11

（5）系统经过渲染输出视频文件，自动将输出的视频文件导入"视频"素材库中，在刚刚导出的视频文件上单击鼠标右键，在弹出的列表中选择"属性"选项，如图 8.5-10 所示。在弹出的"属性"对话框中可以查看视频文件的规格信息，如图 8.5-11 所示。文件被压缩后适于网络传输。

8.6 单独输出影片中的音频

知识要点：使用创建声音文件按钮输出影片中的音频。

8.6.1 添加视频素材

（1）启动会声会影 11，在启动面板中选择"会声会影编辑器"选项，如图 8.6-1 所示，进入会声会影程序主界面。

图 8.6-1

（2）单击"视频"素材库中的"加载视频"按

钮 📁，在弹出的"打开视频文件夹"对话框中选择光盘目录下"Ch08 > 素材 > 单独输出影片中的音频 > 卧室.avi"文件，如图 8.6-2 所示，单击"打开"按钮，所选中的视频素材被插入到素材库中，效果如图 8.6-3 所示。

图 8.6-2

图 8.6-3

（3）单击"时间轴"面板中的"时间轴视图"按钮 ▤ ，切换到时间轴视图。在素材库中选择"卧室.avi"，按住鼠标左键将其拖曳至"视频轨"上，释放鼠标，效果如图 8.6-4 所示。

图 8.6-4

8.6.2　输出影片中的音频

（1）单击步骤选项卡中的"分享"按钮，切换至分享面板。单击"创建声音文件"按钮 ，在弹出的对话框中设置保存类型的格式，如图 8.6-5 所示。单击"选项"按钮，在弹出的对话框中进行设置，如图 8.6-6 所示。单击"配置文件"选项卡，选择音频压缩编码方式，一般设置为CD 质量，以保证音频文件的音质，如图 8.6-7 所示。

图 8.6-5

图 8.6-6

图 8.6-7

（2）单击"属性"选项卡，在"文件头信息"选项组中输入音频文件的标题、作者等信息，如图8.6-8 所示，单击"确定"按钮。返回到"创建声音文件"对话框，设置音频文件的名称和保存路径，如图 8.6-9 所示，单击"保存"按钮。系统开始渲染并输出音频文件，渲染结束自动将输出的音频文件导入"音频"素材库中并在预览窗口中播放，如图8.6-10 所示。

图 8.6-8

图 8.6-9

图 8.6-10

8.7 将影片输出到移动设备

知识要点：使用移动存储设备将影片输出到移动设备上。

8.7.1 插入移动存储设备

（1）将移动存储设备通过 USB 接口或者 IEEE1394 等接口与电脑相连，系统检测到移动设备，弹出"可移动磁盘"对话框，选择"不执行操作"，如图 8.7-1 所示，单击"确定"按钮。

图 8.7-1

（2）启动会声会影 11，在启动面板中选择"会声会影编辑器"选项，如图 8.7-2 所示，进入会声会影程序主界面。

图 8.7-2

（3）单击"视频"素材库中的"加载视频"按钮，在弹出的"打开视频文件夹"对话框中选择光盘目录下"Ch08 > 素材 > 将影片输出到移动设备 > 水中落叶.MOV"文件，如图 8.7-3 所示，单击"打开"按钮，所选中的视频素材被插入到素材库中，效果如图 8.7-4 所示。

图 8.7-3

图 8.7-4

（4）单击"时间轴"面板中的"时间轴视图"按钮，切换到时间轴视图。在素材库中选择"水中落叶.MOV"，按住鼠标左键将其拖曳至"视频轨"上，释放鼠标，效果如图 8.7-5 所示。

图 8.7-5

8.7.2 将影片输出到移动设备

（1）单击步骤选项卡中的"分享"按钮
分享 ，切换至分享面板。在选项面板中单击
"导出到移动设备"按钮，在弹出的列表中选择
"WMW Pocket PC（320×240，15fps）"选项，如图
8.7-6 所示，弹出"将媒体文件保存至硬盘/外部设备"
对话框，设置保存名称，单击"设置"按钮，如图
8.7-7 所示，弹出"设置"对话框，可以在这里设置
工作文件夹，也可以删除工作文件夹，或者设置多
个浏览路径，如图 8.7-8 所示。

图 8.7-6

图 8.7-7

图 8.7-8

（2）关闭"设置"对话框，返回到"将媒体文
件保存至硬盘/外部设备"对话框，如图 8.7-9 所示，
单击"确定"按钮。退出会声会影程序，在 Windows
资源管理器中打开刚刚选择的移动设备，如图
8.7-10 所示。

图 8.7-9

图 8.7-10

（3）可以看到移动设备下方保存的是刚刚输出
的 WMV 格式的视频文件，如图 8.7-11 所示。

图 8.7-11

8.8 把影片回录到 DV 机

知识要点：使用 DV 录制按钮把影片回录到 DV 机上。

（1）启动会声会影 11，在启动面板中选择"会声会影编辑器"选项，如图 8.8-1 所示，进入会声会影程序主界面。

图 8.8-1

（2）单击"视频"素材库中的"加载视频"按钮，在弹出的"打开视频文件夹"对话框中选择光盘目录下"Ch08 > 素材 > 把影片回录到 DV 机 > 上海外滩夜景.mpg"文件，如图 8.8-2 所示，单击"打开"按钮，所选中的视频素材被插入到素材库中。

图 8.8-2

（3）选择"文件 > 项目属性"命令，如图 8.8-3 所示。

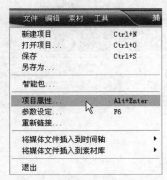

图 8.8-3

（4）弹出"项目属性"对话框，单击"编辑"按钮，如图 8.8-4 所示，弹出"项目选项"对话框，

单击"常规"选项卡，在弹出的对话框中单击"显示宽高比"选项右侧的按钮，在弹出的列表中选择 16：19，其他选项的设置如图 8.8-5 所示，单击"确定"按钮，返回到"项目属性"对话框，单击"确定"按钮，弹出提示对话框，单击"确定"按钮。

图 8.8-4

图 8.8-5

（5）单击步骤选项卡中的"分享"按钮，切换至分享面板。在选项面板中单击"创建视频文件"按钮，在弹出的列表中选择"DV > PAL DV(16：9)"选项，如图 8.8-6 所示。

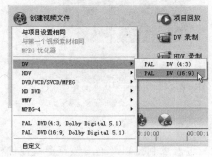

图 8.8-6

（6）在弹出的"创建视频文件"对话框中设置视频文件的名称和保存路径，如图 8.8-7 所示，单击"保存"按钮。

图 8.8-7

（7）系统经过渲染输出之后，自动将输出 DV 格式影片导入到"视频"素材库，选中该视频文件，在选项面板中单击"DV 录制"  按钮，如图 8.8-8 所示。

图 8.8-8

（8）在弹出的"DV-录制-预览窗口"中单击"下一步"按钮，如图 8.8-9 所示。

图 8.8-9

（9）进入录制窗口，单击预览窗口控件栏中的"DV 录制"按钮，如图 8.8-10 所示。

图 8.8-10

（10）系统开始将选择的 DV 格式影片回录到 DV 摄像机的磁带中，在预览窗口中显示出提示文字，如图 8.8-11 所示。

图 8.8-11

（11）录制完成后，提示文字取消，这时可以播放 DV 摄像机磁带中的内容，如图 8.8-12 所示，单击"完成"按钮。

图 8.8-12

8.9　将视频嵌入网页

知识要点：使用创建视频文件按钮将视频嵌入　网页。

8.9.1　添加视频素材

（1）启动会声会影 11，在启动面板中选择"会声会影编辑器"选项，如图 8.9-1 所示，进入会声会影程序主界面。

图 8.9-1

（2）单击"视频"素材库中的"加载视频"按钮，在弹出的"打开视频文件夹"对话框中选择光盘目录下"Ch08 > 素材 > 将视频嵌入网页 > 家居.mpg"文件，如图 8.9-2 所示，单击"打开"按钮，所选中的视频素材被插入到素材库中，效果如图 8.9-3 所示。

图 8.9-2

图 8.9-3

（3）单击"时间轴"面板中的"时间轴视图"按钮，切换到时间轴视图。在素材库中选择"家居.mpg"，按住鼠标左键将其拖曳至"视频轨"上，释放鼠标，效果如图 8.9-4 所示。

图 8.9-4

8.9.2　将视频嵌入网页

（1）单击步骤选项卡中的"分享"按钮，切换至分享面板。单击"创建视频文件"按钮，在弹出的列表中选择"WMV> WMV Broadband(352×288，30　fps)"选项，如图 8.9-5 所示。

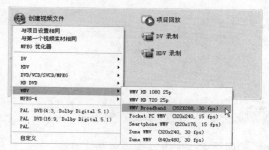

图 8.9-5

（2）在弹出的"创建视频文件"对话框中设置视频文件的名称和保存路径，如图 8.9-6 所示，单击"保存"按钮。

图 8.9-6

（3）系统经过渲染输出视频文件，将输出的视频文件导入"视频"素材库中，选择该视频文件，单击素材库面板的"将视频文件导出到不同的介质上"按钮，在弹出的列表中选择"网页"选项，弹出提示对话框，如图 8.9-7 所示，单击"是"按钮。

图 8.9-7

（4）Internet Explorer 程序随即启动，弹出提示对话框，单击"确定"按钮。在网页上方的提示栏上单击鼠标右键，在弹出的列表中选择"允许阻止的内容"选项，如图 8.9-8 所示。

图 8.9-8

（5）弹出提示对话框，如图 8.9-9 所示，单击"是"按钮。网页视频播放控件随即出现，如图 8.9-10 所示，单击"播放"按钮，即可播放刚刚输出的视频文件。

图 8.9-9

图 8.9-10

8.10　用电子邮件发送影片

知识要点：使用将视频文件导出到不同的介质上按钮，以电子邮件的方式发送影片。

8.10.1　添加视频素材

（1）启动会声会影 11，在启动面板中选择"会声会影编辑器"选项，如图 8.10-1 所示，进入会声会影程序主界面。

图 8.10-1

（2）单击"视频"素材库中的"加载视频"按钮，在弹出的"打开视频文件夹"对话框中选择光盘目录下"Ch08 > 素材 > 用电子邮件发送影片 > 航拍.avi"文件，如图 8.10-2 所示，单击"打开"按钮，所选中的视频素材被插入到素材库中，效果如图

8.10-3 所示。

图 8.10-2

图 8.10-3

（3）单击"时间轴"面板中的"时间轴视图"按钮 ▤，切换到时间轴视图。在素材库中选择"航拍.avi"，按住鼠标左键将其拖曳至"视频轨"上，释放鼠标，效果如图 8.10-4 所示。

图 8.10-4

8.10.2　压缩并导出文件

（1）单击步骤选项卡中的"分享"按钮 分享 ，切换至分享面板。单击"创建视频文件"按钮，在弹出的列表中选择"自定义"选项，如图 8.10-5 所示。

图 8.10-5

（2）在弹出的"创建视频文件"对话框中将"保存类型"设为 WMV 格式，如图 8.10-6 所示。

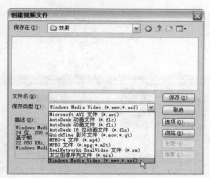

图 8.10-6

（3）在"创建视频文件"对话框中单击"选项"按钮，弹出"视频保存选项"对话框，单击"配置

文件"选项卡，在弹出的对话框中进行设置，如图 8.10-7 所示，单击"确定"按钮，返回到"创建视频文件"对话框，设置好视频文件的名称和保存路径，如图 8.10-8 所示，单击"保存"按钮。

图 8.10-7

图 8.10-8

（4）系统经过渲染输出视频文件，自动将输出的视频文件导入"视频"素材库中，在刚刚导出的视频文件上单击鼠标右键，在弹出的列表中选择"属性"选项，在弹出的"属性"对话框中可以查看视频文件的规格信息，如图 8.10-9 所示。文件被压缩后适于网络传输。

图 8.10-9

（5）单击"确定"按钮，返回到主界面，在"视频"素材库面板中选中刚刚输出的 WMV 格式视频

文件，单击"将视频文件导出到不同的介质上"按钮 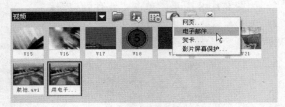，在弹出的列表中选择"电子邮件"选项，如图 8.10-10 所示。

图 8.10-10

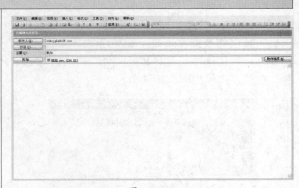

图 8.10-11

（6）系统弹出一个"电子邮件"编写窗口，在"收件人"文本框中输入目标邮箱地址，单击"主题"文本框并输入名称，如图 8.10-11 所示。

（7）在窗口下方的空白处输入电子邮件的内容，单击右上方的"发送"按钮，发送电子邮件，如图 8.10-12 所示。

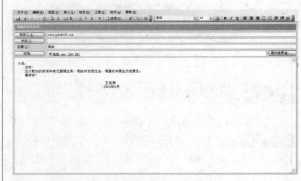

图 8.10-12

8.11 创建视频贺卡

知识要点：使用将视频文件导出到不同的介质上按钮创建视频贺卡。

8.11.1 添加视频素材

（1）启动会声会影 11，在启动面板中选择"会声会影编辑器"选项，如图 8.11-1 所示，进入会声会影程序主界面。

图 8.11-1

（2）单击"视频"素材库中的"加载视频"按钮 ，在弹出的"打开视频文件夹"对话框中选择光盘目录下"Ch08 > 素材 > 创建视频贺卡 > 小孩.mpg"文件，如图 8.11-2 所示，单击"打开"按钮，所选中的视频素材被插入到素材库中，效果如

图 8.11-3 所示。

图 8.11-2

图 8.11-3

（3）在预览窗口中拖动飞梭栏滑块  ，在预览窗口中观看效果，如图 8.11-4 所示。

图 8.11-4

8.11.2　制作视频贺卡

（1）在"视频"素材库面板中选中导入的"小孩.mpg"视频文件，单击"将视频文件导出到不同的介质上"按钮，在弹出的列表中选择"贺卡"选项，如图 8.11-5 所示。弹出"多媒体贺卡"对话框，如图 8.11-6 所示。在预览窗口中适当地调整视频的位置，效果如图 8.11-7 所示。

图 8.11-5

图 8.11-6

图 8.11-7

（2）单击"浏览"按钮，如图 8.11-8 所示，弹出"浏览"对话框，设置贺卡的名称和保存路径，如图 8.11-9 所示，单击"打开"按钮，返回到"多媒体贺卡"对话框，单击"确定"按钮。

图 8.11-8

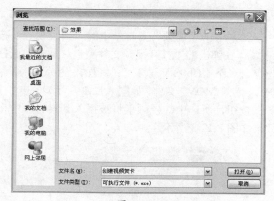

图 8.11-9

（3）打开刚刚设置的保存路径，可以看到一个后缀名为 exe 的可执行文件，如图 8.11-10 所示。双击该执行文件，贺卡开始播放，如图 8.11-11 所示。

图 8.11-10

图 8.11-11

8.12 将视频设置为屏幕保护

知识要点： 使用创建视频文件按钮将视频设置为屏幕保护。

8.12.1 添加视频素材

（1）启动会声会影 11，在启动面板中选择"会声会影编辑器"选项，如图 8.12-1 所示，进入会声会影程序主界面。

图 8.12-1

（2）单击"视频"素材库中的"加载视频"按钮，在弹出的"打开视频文件夹"对话框中选择光盘目录下"Ch08 > 素材 > 将视频设置为屏幕保护 > 雪景.MOV"文件，如图 8.12-2 所示，单击"打开"按钮，所选中的视频素材被插入到素材库中，效果如图 8.12-3 所示。

图 8.12-2

图 8.12-3

（3）单击"时间轴"面板中的"时间轴视图"按钮 ▤ ，切换到时间轴视图。在素材库中选择"雪景.MOV"，按住鼠标左键将其拖曳至"视频轨"上，释放鼠标，效果如图 8.12-4 所示。

图 8.12-4

8.12.2 将视频设置为屏幕保护

（1）单击步骤选项卡中的"分享"按钮 **分享** ，切换至分享面板。单击"创建视频文件"按钮，在弹出的列表中选择"自定义"选项，如图 8.12-5 所示。在弹出的"创建视频文件"对话框中进行设置,如图 8.12-6 所示。

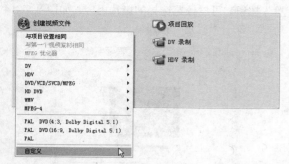

图 8.12-5

图 8.12-6

（2）在"创建视频文件"对话框中,单击"选项"按钮,弹出"视频保存选项"对话框,单击"配置文件"选项卡,在弹出的对话框中进行设置,如图 8.12-7 所示,单击"确定"按钮,返回到"创建视频文件"对话框,设置视频文件的名称和保存路径,如图 8.12-8 所示,单击"保存"按钮。

图 8.12-7

图 8.12-8

（3）系统经过渲染输出之后,自动将输出的 WMV 格式视频文件导入"视频"素材库中,选中该视频文件单击"将视频文件导出到不同的介质上"按钮，在弹出的列表中选择"影片屏幕保护"选项,如图 8.12-9 所示。

图 8.12-9

（4）系统随即打开"显示　属性"对话框,如图 8.12-10 所示。单击"设置"按钮,弹出"Uiead Screen Saver"对话框,单击"浏览"按钮,如图 8.12-11 所示,在弹出的"Open Media File"对话框中选择刚刚输出的 WMV 影片,如图 8.12-12 所示,单击"打开"按钮。

图 8.12-10

图 8.12-11

图 8.12-12

（5）返回到"Uiead Screen Saver"对话框中，单击"浏览"按钮，可以预览选择的影片内容，如图 8.12-13 所示，单击"确定"按钮。

图 8.12-13

（6）返回到"显示　属性"对话框中，单击"浏览"按钮，可以预览选择的影片内容，如图 8.12-14 所示，单击"确定"按钮。

图 8.12-14

（7）系统开始启动屏幕保护程序并全屏播放影片，如图 8.12-15 所示。

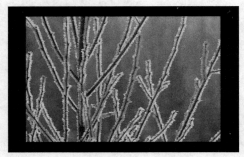

图 8.12-15

第9章

综合实例应用

9.1 制作音乐 MTV

知识要点：使用居中命令将色彩素材于屏幕居中显示。使用边框/阴影/透明度选项卡添加文字黑色阴影。使用飞行动画制作滚动字幕效果。

注意：本例中涉及的歌曲仅用作演示。读者在练习时，可寻找类似的歌曲替代。本例给出的最后效果将不添加音乐部分，特此说明。

9.1.1 下载歌曲

（1）打开 IE 浏览器，登录音乐下载页面 http://mp3.baidu.com，在搜索栏中输入需要的歌词名，如图 9.1-1 所示。

图 9.1-1

（2）单击"百度一下"按钮，页面转换到链接页面，找到符合要求的曲目，单击"试听"选项，如图 9.1-2 所示；打开对应歌曲的试听窗口，在"歌曲出处"的链接上单击鼠标右键，在弹出的列表中选择"目标另存为"命令，如图 9.1-3 所示；在弹出的"另存为"对话框中选择歌曲保存的名称和路径，如图 9.1-4 所示；单击"保存"按钮，将音乐下载到选择的路径中。

图 9.1-2

图 9.1-3

图 9.1-4

9.1.2 下载 LRC 字幕

（1）LRC 字幕是一种字幕格式，它的特点是歌词与歌曲一致，比会声会影所支持的 UTF 字幕更为流行，因此，需要先下载容易找到的 LRC 字幕，再将它转换为会声会影支持的 UTF 字幕。

（2）在先前下载的曲目右侧单击"歌词"选项，如图 9.1-5 所示，打开对应的歌词窗口，找到与歌词对应的文字部分，单击右上方的"搜索来不及 LRC 歌词"选项，如图 9.1-6 所示。

图 9.1-5

图 9.1-6

（3）在弹出的链接页面中，单击页面中的
"【LRC】来不及-朴树"歌词名称，如图 9.1-7 所示；
弹出"文件下载"对话框，如图 9.1-8 所示。单击"保
存"按钮，在弹出的"保存"对话框中选择保存的
路径，如图 9.1-9 所示，单击"保存"按钮。

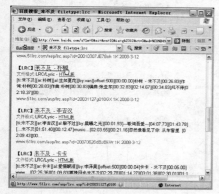

图 9.1-7

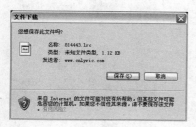

图 9.1-8

图 9.1-9

（4）打开 IE 浏览器，登录音乐下载页面 http://
www.baidu.com，在搜索栏中输入需要的软件名称
"LRC 歌词文件转换器"，如图 9.1-10 所示。单击"百
度一下"按钮，页面显示软件"LRC 歌词文件转换
器"的下载页面链接，如图 9.1-11 所示。单击页面
链接，进入相关网站的下载页面，如图 9.1-12 所示。
根据相关的页面提示信息，下载并安装"LRC 歌词
文件转换器"。

图 9.1-10

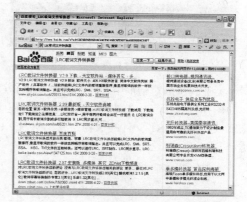

图 9.1-11

图 9.1-12

（5）打开"LRC 歌词文件转换器"，单击界面
上的"LRC 转 SRT"按钮，如图 9.1-13 所示，弹出

"LRC 歌词文件转换器"对话框，单击"LRC 文件输入"对话框右侧的"浏览"按钮，如图 9.1-14 所示。

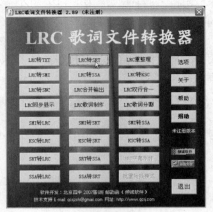

图 9.1-13

图 9.1-14

（6）在弹出的对话框中选择刚刚保存的 IRC 文件，如图 9.1-15 所示；单击"打开"按钮，程序自动指定转换后的 SRT 文件的保存路径，如图 9.1-16 所示。

图 9.1-15

图 9.1-16

（7）单击"开始转换"按钮，弹出提示对话框，如图 9.1-17 所示，单击"确定"按钮。单击"退出"按钮，退出"LRC 歌词文件转换器"软件。

图 9.1-17

（8）打开前面设置工作的文件夹，选中转换完成的 SRT 文件，如图 9.1-18 所示。按快捷键"F2"，使文件名处于编辑状态，将它的后缀名修改为"utf"，如图 9.1-19 所示。

图 9.1-18

图 9.1-19

9.1.3 启动会声会影软件并打开字幕文件

（1）启动会声会影 11，在启动面板中选择"会声会影编辑器"选项，如图 9.1-20 所示，进入会声会影程序主界面。单击"时间轴"面板中的"时间轴视图"按钮，切换到时间轴视图。

图 9.1-20

（2）单击步骤选项卡中的"标题"按钮 **标题**，切换至标题面板，单击选项面板中的"打开字幕文件"按钮，在弹出的"打开"对话框中选择刚才转换完成的 UTF 文件，在该对话框的下方设置字体颜色为白色，并设置字体、字体大小等属性，单击"光晕阴影"颜色块，在弹出的列表中选择"友立色彩选取器"。在弹出的对话框中进行设置，如图 9.1-21 所示。单击"确定"按钮，返回到"打开"对话框，如图 9.1-22 所示。单击"打开"按钮，弹出提示对话框，如图 9.1-23 所示。单击"确定"按钮，效果如图 9.1-24 所示。

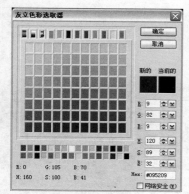

图 9.1-21

图 9.1-22

图 9.1-23

图 9.1-24

（3）在"标题轨"中按住 Shift 键的同时，选中"朴树-来不及、作词、作曲、编曲"歌词，如图 9.1-25 所示。按 Delete 键，将其删除。用相同的方法将第一段歌词"do do do do……"以后的歌词删除，效果如图 9.1-26 所示。

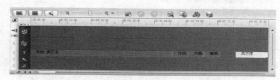

图 9.1-25

图 9.1-26

（4）在"标题轨"中按住 Shift 键的同时，选中剩余的歌词，将其拖曳到 40 秒处，效果如图 9.1-27 所示。

图 9.1-27

9.1.4 制作标题文字

（1）在"标题"素材库中选择"My Memories"标题，将其拖曳到"标题轨"上，如图 9.1-28 所示，释放鼠标，效果如图 9.1-29 所示。

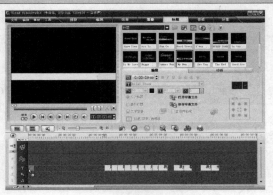

图 9.1-28

图 9.1-29

（2）在"编辑"面板中将"区间"选项设为 7 秒，如图 9.1-30 所示。双击"标题轨"，在预览窗口中显示文字。

图 9.1-30

（3）在预览窗口中选取英文"My"，将其改为"来"字并选取该文字。在"编辑"面板中，其属性的设置如图 9.1-31 所示。预览窗口中效果如图 9.1-32 所示。

图 9.1-31

图 9.1-32

（4）在预览窗口中选取英文"Memories"，将其改为"不及 LAIBUJI"并选取该文字。在"编辑"面板中，其属性的设置如图 9.1-33 所示。预览窗口中效果如图 9.1-34 所示。

图 9.1-33

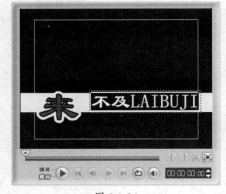

图 9.1-34

（5）在预览窗口中选取拼音"LAIBUJI"，在"编辑"面板中其属性的设置如图 9.1-35 所示。预览窗口中效果如图 9.1-36 所示。在预览窗口中拖曳"来"字到适当的位置，效果如图 9.1-37 所示。

图 9.1-35

图 9.1-36

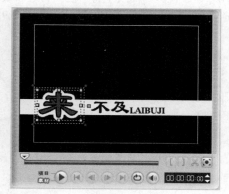

图 9.1-37

9.1.5 添加素材

（1）单击素材库中的"画廊"按钮 ，在弹出的列表中选择"图像"选项，单击"图像"素材库中的"加载图像"按钮 ，在弹出的"打开图像文件"对话框中选择光盘目录下"Ch09 > 素材 > 制作音乐 MTV > 标题底图.jpg"文件，如图 9.1-38 所示，单击"打开"按钮，所选中的图像素材被添加到素材库中，效果如图 9.1-39 所示。

图 9.1-38

图 9.1-39

（2）在素材库中选择"标题底图.jpg"，按住鼠标左键将其拖曳至"视频轨"上，释放鼠标，效果如图 9.1-40 所示。

图 9.1-40

（3）在"图像"面板中将"区间"选项设为 6秒，在"图像"面板中单击"重新采样选项"右侧的下拉按钮，在弹出列表中选择"调整到项目大小"，如图 9.1-41 所示。时间轴效果如图 9.1-42 所示。

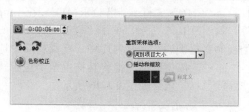

图 9.1-41

图 9.1-42

（4）单击素材库中的"画廊"按钮，在弹出的列表中选择"视频"选项，单击"视频"素材库中的"加载视频"按钮，在弹出的"打开视频文件"对话框中选择光盘目录下"Ch09 > 素材 > 制作音乐 MTV > 树丛-1.mpg"文件，如图 9.1-43 所示，单击"打开"按钮，所选中的视频素材被添加到素材库中。在素材库中选择"树丛-1.mpg"，按住鼠标左键将其拖曳至"视频轨"上，释放鼠标，效果如图 9.1-44 所示。

图 9.1-43

图 9.1-44

（5）单击"视频"素材库中的"加载视频"按钮，在弹出的"打开视频文件"对话框中选择光盘目录下"Ch09 > 素材 > 制作音乐 MTV > 花-1.mpg"文件，如图 9.1-45 所示，单击"打开"按钮，所选中的视频素材被添加到素材库中。在素材库中选择"花-1.mpg"，按住鼠标左键将其拖曳至"视频轨"上，释放鼠标，效果如图 9.1-46 所示。

图 9.1-45

图 9.1-46

（6）在"视频"面板中将"区间"选项设为 5 秒 8 帧，如图 9.1-47 所示。时间轴效果如图 9.1-48 所示。

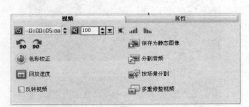

图 9.1-47

图 9.1-48

（7）单击"视频"素材库中的"加载视频"按钮，在弹出的"打开视频文件"对话框中选择光盘目录下"Ch09 > 素材 > 制作音乐 MTV > 花-2.mpg"文件，如图 9.1-49 所示，单击"打开"按钮，所选中的视频素材被添加到素材库中。在素材库中选择"花-2.mpg"，按住鼠标左键将其拖曳至"视频轨"上，释放鼠标，效果如图 9.1-50 所示。

图 9.1-49

图 9.1-50

图 9.1-54

（8）在"视频"面板中将"区间"选项设为 10 秒 6 帧，如图 9.1-51 所示。时间轴效果如图 9.1-52 所示。

（10）在"视频"面板中将"区间"选项设为 7 秒 15 帧，如图 9.1-55 所示。时间轴效果如图 9.1-56 所示。

图 9.1-51

图 9.1-55

图 9.1-52

图 9.1-56

9.1.6　添加视频素材镜头闪光效果

（1）单击素材库中的"画廊"按钮，在弹出的列表中选择"视频滤镜"选项，如图 9.1-57 所示。在"视频滤镜"素材库右上方单击"扩大/最小化素材库"按钮，将"视频滤镜"素材库展开。选择"镜头闪光"滤镜并将其添加到"时间轴"面板中的"天空-1.mpg"视频素材上，如图 9.1-58 所示，释放鼠标，视频滤镜被应用到素材上，效果如图 9.1-59 所示。

（9）单击"视频"素材库中的"加载视频"按钮，在弹出的"打开视频文件"对话框中选择光盘目录下"Ch09 > 素材 > 制作音乐 MTV > 天空-1.mpg"文件，如图 9.1-53 所示。单击"打开"按钮，所选中的视频素材被添加到素材库中。在素材库中选择"天空-1.mpg"，按住鼠标左键将其拖曳至"视频轨"上，释放鼠标，效果如图 9.1-54 所示。

图 9.1-53

图 9.1-57

图 9.1-58

图 9.1-61

图 9.1-59

图 9.1-62

（2）在"视频滤镜"素材库右上方单击"扩大/最小化素材库"按钮，将"视频滤镜"素材库最小化。单击"属性"选项面板中的"自定义滤镜"按钮，弹出"镜头闪光"对话框，在对话框中原图视频的左上方设置闪光点，其他选项的设置如图9.1-60 所示。单击"转到下一个关键帧"按钮，飞梭栏滑块移到下一个关键帧处，弹出相应的对话框，在原图视频的左上方设置闪光点，如图 9.1-61所示，单击"确定"按钮，预览窗口效果如图9.1-62所示。

（3）单击素材库中的"画廊"按钮，在弹出的列表中选择"图像"选项，在素材库中将素材"I16"文件拖曳到视频轨中，效果如图9.1-63 所示。

图 9.1-63

（4）在"图像"面板中将"区间"选项设为15秒，在"图像"面板中单击"重新采样选项"右侧的下拉按钮，在弹出列表中选择"调整到项目大小"，如图9.1-64 所示。预览窗口效果如图9.1-65 所示。

图 9.1-60

图 9.1-64

图 9.1-65

（5）单击"图像"素材库中的"加载图像"按钮 ，在弹出的"打开图像文件"对话框中选择光盘目录下"Ch09 > 素材 > 制作音乐 MTV > 人物 -3.jpg"文件，如图 9.1-66 所示，单击"打开"按钮，所选中的图像素材被添加到素材库中，效果如图 9.1-67 所示。

图 9.1-66

图 9.1-67

（6）在素材库中选择"人物-3.jpg"文件，按住鼠标左键将其拖曳至"视频轨"上，释放鼠标，效果如图 9.1-68 所示。

图 9.1-68

（7）单击素材库中的"画廊"按钮 ，在弹出的列表中选择"视频滤镜"选项，在素材库中选择"镜头闪光"滤镜并将其添加到"时间轴"面板中的"人物-3.jpg"图像素材上，如图 9.1-69 所示，释放鼠标，效果如图 9.1-70 所示。

图 9.1-69

图 9.1-70

（8）在"图像"面板中将"区间"选项设为 9 秒，如图 9.1-71 所示。时间轴效果如图 9.1-72 所示。

图 9.1-71

图 9.1-72

9.1.7　制作图像素材摇动和缩放效果

（1）在"图像"选项面板中勾选"摇动和缩放"单选项，单击"自定义"按钮，弹出"摇动和缩放"对话框，拖曳选取框上面的黄色控制点，改变图像缩放率，拖曳图像窗口中的十字标记，改变聚焦的中心点，其他选项的设置如图 9.1-73 所示，单击"时间轴"选项右侧的棱形标记，转到下一个关键帧，在图像窗口中拖曳中间的十字标记，改变聚焦的中心点，如图 9.1-74 所示，单击"确定"按钮，预览窗口效果如图 9.1-75 所示。

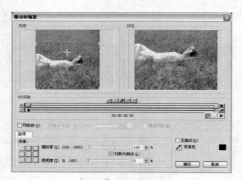

图 9.1-73

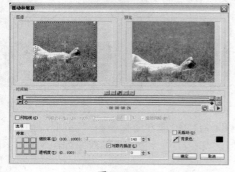

图 9.1-74

图 9.1-75

（2）单击素材库中的"画廊"按钮，在弹出的列表中选择"视频"选项，单击"视频"素材库中的"加载视频"按钮，在弹出的"打开视频文件"对话框中选择光盘目录下"Ch09 > 素材 > 制作音乐 MTV > 树丛-2.mpg"文件，如图 9.1-76 所示，单击"打开"按钮，所选中的视频素材被添加到素材库中，效果如图 9.1-77 所示。

图 9.1-76

图 9.1-77

（3）在素材库中选择"树丛-2.mpg"文件，按住鼠标左键将其拖曳至"视频轨"上，释放鼠标，效果如图 9.1-78 所示。

图 9.1-78

（4）在"视频"面板中将"区间"选项设为 15 秒 12 帧，如图 9.1-79 所示。时间轴效果如图 9.1-80 所示。

图 9.1-79

图 9.1-80

（5）单击"视频"素材库中的"加载视频"按钮，在弹出的"打开视频文件"对话框中选择光盘目录下"Ch09 > 素材 > 制作音乐MTV > 天空-2.mpg"文件，如图 9.1-81 所示，单击"打开"按钮，所选中的视频素材被添加到素材库中，效果如图 9.1-82 所示。

图 9.1-81

图 9.1-82

（6）在素材库中选择"天空-2.mpg"文件，按住鼠标左键将其拖曳至"视频轨"上，释放鼠标，效果如图 9.1-83 所示。

图 9.1-83

（7）单击"视频"素材库中的"色彩校正"按钮，在弹出的色彩校正选项面板进行设置，如图 9.1-84 所示。预览窗口效果如图 9.1-85 所示。

图 9.1-84

图 9.1-85

（8）单击"视频"素材库中的"加载视频"按钮 ，在弹出的"打开视频文件"对话框中选择光盘目录下"Ch09 > 素材 > 制作音乐MTV > 花-3.mpg"文件，如图 9.1-86 所示，单击"打开"按钮，所选中的素材被添加到素材库中，在素材库中选择"花-3.mpg"文件，按住鼠标左键将其拖曳至"视频轨"上，释放鼠标，效果如图 9.1-87 所示。

图 9.1-86

图 9.1-87

（9）在"视频"面板中将"区间"选项设为 33 秒 16 帧，如图 9.1-88 所示。时间轴效果如图 9.1-89 所示。

图 9.1-88

图 9.1-89

9.1.8 添加视频素材闪光过渡效果

（1）单击步骤选项卡中的"效果"按钮 效果，切换至效果面板，单击素材库中的"画廊"按钮，在弹出的列表中选择"转场>闪光"选项，素材库中显示转场素材。

（2）选择"FB1"过渡效果，将其拖曳到添加到"视频轨"上的"标题底图.jpg"和"树丛-1.mpg"两个视频素材中间，如图 9.1-90 所示，释放鼠标，将过渡效果应用到当前项目的素材之间，效果如图 9.1-91 所示。

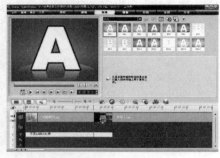

图 9.1-90

图 9.1-91

（3）选择"FB14"过渡效果将其拖曳到添加到"视频轨"上的"树丛-1.mpg"和"花-1.mpg"两个视频素材中间，如图 9.1-92 所示，释放鼠标，将过渡效果应用到当前项目的素材之间，效果如图 9.1-93 所示。

图 9.1-92

图 9.1-93

（4）单击素材库中的"画廊"按钮，在弹出
的列表中选择"遮罩"选项，在素材库中选择"遮
罩 A5"过渡效果，将其添加到"视频轨"上
的"花-1.mpg"和"花-2.mpg"两个素材中间，如
图 9.1-94 所示，释放鼠标，将过渡效果应用到当前
项目的素材之间，效果如图 9.1-95 所示。

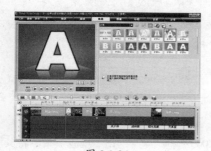

图 9.1-94

图 9.1-95

（5）单击素材库中的"画廊"按钮，在弹出
的列表中选择"闪光"选项，选择"FB14"过渡效
果，将其添加到"视频轨"上的"花-2.mpg"和"天
空-1.mpg"两个素材中间，如图 9.1-96 所示，释放
鼠标，将过渡效果应用到当前项目的素材之间，效
果如图 9.1-97 所示。

图 9.1-96

图 9.1-97

（6）单击素材库中的"画廊"按钮，在弹出
的列表中选择"遮罩"选项，选择"遮罩 A3"过渡
效果，将其添加到"视频轨"上的"天空-1.mpg"
和"I16.jpg"两个素材中间，如图 9.1-98 所示，释
放鼠标，过渡效果应用到当前项目的素材之间，效
果如图 9.1-99 所示。

图 9.1-98

图 9.1-99

（7）选择"遮罩 A6"过渡效果，将其添加到"视
频轨"上的"I16.jpg"和"人物 3.jpg"两个素材中
间，如图 9.1-100 所示。释放鼠标，过渡效果应用到
当前项目的素材之间，效果如图 9.1-101 所示。

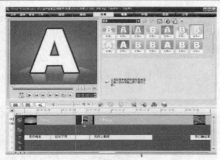

图 9.1-100

图 9.1-101

（8）选择"遮罩 A5"过渡效果，将其添加到"视频轨"上的"人物3.jpg"和"树丛-2.mpg"两个素材中间，如图 9.1-102 所示。释放鼠标，将过渡效果应用到当前项目的素材之间，效果如图 9.1-103 所示。

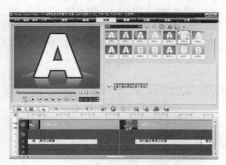

图 9.1-102

图 9.1-103

（9）选择"遮罩 A1"过渡效果，将其添加到"视频轨"上的"树丛-2.mpg"和"天空-2.mpg"

两个素材中间，如图 9.1-104 所示。释放鼠标，将过渡效果应用到当前项目的素材之间，效果如图 9.1-105 所示。

图 9.1-104

图 9.1-105

（10）选择"遮罩 A3"过渡效果，将其添加到"视频轨"上的"天空-2.mpg"和"花-3.mpg"两个素材中间，如图 9.1-106 所示。释放鼠标，将过渡效果应用到当前项目的素材之间，效果如图 9.1-107 所示。

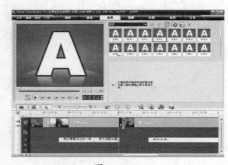

图 9.1-106

图 9.1-107

（11）单击"覆叠轨管理器"按钮🔧，弹出"覆叠轨管理器"对话框，勾选"覆叠轨#2"复选框，如图9.1-108所示。单击"确定"按钮，在预设的"覆叠轨#1"下方添加新的覆叠轨，效果如图9.1-109所示。

图 9.1-108

图 9.1-109

（12）拖曳时间轴标尺上的当前位置标记▽，拖到55秒处，如图9.1-110所示。

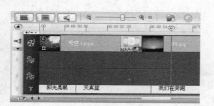

图 9.1-110

（13）单击素材库中的"画廊"按钮▼，在弹出的列表中选择"视频"选项，单击"视频"素材库中的"加载视频"按钮🗁，在弹出的"打开视频文件"对话框中选择光盘目录下"Ch09 > 素材 > 制作音乐MTV > 人物-1.mov"文件，如图9.1-111所示，单击"打开"按钮，所选中的视频素材被添加到素材库中。在素材库中选择"人物-1.mov"，按住鼠标左键将其拖曳至"覆叠轨"的位置标记处，释放鼠标，效果如图9.1-112所示。

图 9.1-111

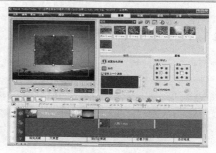

图 9.1-112

（14）在预览窗口中的覆叠素材上单击鼠标右键，在弹出的菜单中选择"调整到屏幕大小"，预览窗口中效果如图9.1-113所示。

图 9.1-113

9.1.9 添加视频素材遮罩效果

（1）单击"属性"面板中的"遮罩和色度键"按钮👤，打开覆叠选项面板，勾选"应用覆叠选项"复选框，在"类型"选项下拉列表中选择"遮罩帧"，在右侧的面板中选择需要的样式，如图9.1-114所示。此时在预览窗口中观看视频素材应用遮罩后的效果，如图9.1-115所示。

图 9.1-114

图 9.1-115

（2）拖曳时间轴标尺上的当前位置标记 ，拖曳到 2 分 11 秒处，如图 9.1-116 所示。

图 9.1-116

（3）单击素材库中的"画廊"按钮 ，在弹出的列表中选择"色彩"选项，如图 9.1-117 所示。将素材库里的色彩素材拖曳至"覆叠轨"的位置标记处，如图 9.1-118 所示。释放鼠标，色彩素材被添加到覆叠轨上，如图 9.1-119 所示。

图 9.1-117

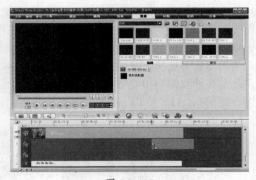

图 9.1-118

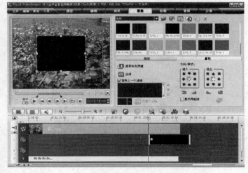

图 9.1-119

（4）单击"属性"面板中的"淡入动画效果"按钮。在预览窗口中的色彩素材上单击鼠标右键，在弹出的菜单中选择"调整到屏幕大小"，预览窗口中效果如图 9.1-120 所示。

图 9.1-120

（5）单击素材库中的"画廊"按钮 ，在弹出的列表中选择"视频"选项，如图 9.1-121 所示，单击"视频"素材库中的"加载视频"按钮 ，在弹出的"打开视频文件"对话框中选择光盘目录下"Ch09 > 素材 > 制作音乐 MTV > 人物-2.mpg"文件，如图 9.1-122 所示。单击"打开"按钮，所选中的视频素材被添加到素材库中，效果如图 9.1-123 所示。

图 9.1-121　　　　图 9.1-122

图 9.1-123

（6）拖曳时间轴标尺上的当前位置标记 ，拖曳到 58 秒处，如图 9.1-124 所示。将素材库里的视频素材拖曳至"覆叠轨"的位置标记处,释放鼠标,视频素材被添加到覆叠轨上,如图9.1-125所示。

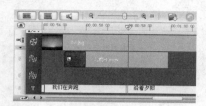

图 9.1-124

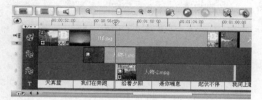

图 9.1-125

(7)在预览窗口中的视频素材上单击鼠标右键,在弹出的菜单中选择"调整到屏幕大小",预览窗口中效果如图9.1-126所示。单击"属性"面板中的"淡入动画效果"按钮 ▥ 和"淡出动画效果"按钮 ▥。

图 9.1-126

(8)单击"属性"面板中的"遮罩和色度键"按钮 ▧,打开覆叠选项面板,勾选"应用覆叠选项"复选框,在"类型"选项下拉列表中选择"遮罩帧",在右侧的面板中选择需要的样式,如图9.1-127所示。此时在预览窗口中观看视频素材应用遮罩后的效果,如图9.1-128所示。

图 9.1-127

图 9.1-128

(9)在"编辑"面板中将"区间"选项设为10秒,如图9.1-129所示。时间轴效果如图9.1-130所示。

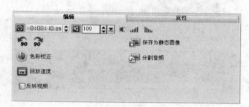

图 9.1-129

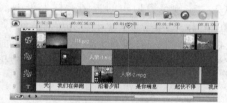

图 9.1-130

9.1.10 添加文字背景效果

(1)拖曳时间轴标尺上的当前位置标记 ▽,拖曳到1分54秒处,如图9.1-131所示。将素材库里的色彩素材拖曳至"覆叠轨"的位置标记处,如图9.1-132所示,释放鼠标,色彩素材被添加到覆叠轨上,如图9.1-133所示。

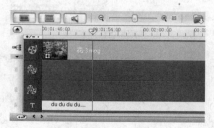

图 9.1-131

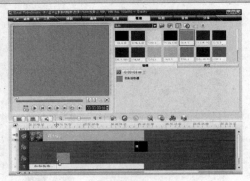

图 9.1-132

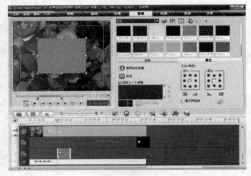

图 9.1-133

（2）在预览窗口中的视频素材上单击鼠标右键，在弹出的菜单中选择"调整到屏幕大小"，预览窗口中效果如图 9.1-134 所示。单击"属性"面板中的"淡入动画效果"按钮 和"淡出动画效果"按钮 。

图 9.1-134

（3）单击"编辑"面板中的"色彩选取器"色块，在弹出的列表中选择"友立色彩选取器"选项，在弹出的对话框中进行设置，如图 9.1-135 所示，单击"确定"按钮，返回到"编辑"面板中，将"区间"选项设为 20 秒，如图 9.1-136 所示。时间轴效果如图 9.1-137 所示。

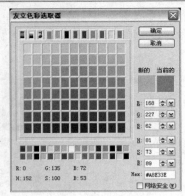

图 9.1-135

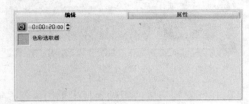

图 9.1-136

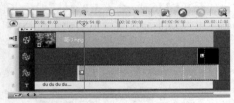

图 9.1-137

（4）在选项面板中单击"属性"面板中的"遮罩和色度键"按钮 ，打开覆叠选项面板，将"不透明"选项设为 60，如图 9.1-138 所示。预览窗口中效果如图 9.1-139 所示。

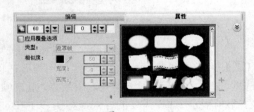

图 9.1-138

图 9.1-139

（5）选中色彩素材右侧中间的控制手柄向左拖曳到适当的位置，效果如图 9.1-140 所示。在色彩素材上单击鼠标右键，在弹出的列表中选择"停靠在中央 > 居中"命令，如图 9.1-141 所示，素材居中显示，效果如图 9.1-142 所示。

图 9.1-140

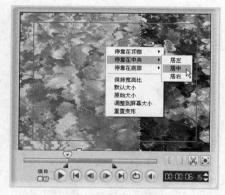

图 9.1-141

图 9.1-142

（6）在时间轴中选中"标题轨"上的第一段"do do do do……"歌词文字，如图 9.1-143 所示。在"编辑"面板中将"区间"选项设为 8 秒，如图 9.1-144 所示。时间轴效果如图 9.1-145 所示。

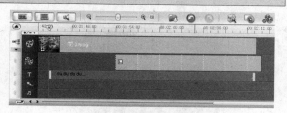

图 9.1-143

图 9.1-144

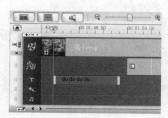

图 9.1-145

9.1.11 添加文字阴影效果

（1）拖曳时间轴标尺上的当前位置标记▽，拖曳到 1 分 57 秒处，如图 9.1-146 所示。在预览窗口中双击鼠标，进入标题编辑状态。在"编辑"面板中勾选"多个标题"单选项，设置字体颜色为白色，并设置标题字体、字体大小、字体行距等属性，如图 9.1-147 所示，在预览窗口中输入需要的文字，效果如图 9.1-148 所示。

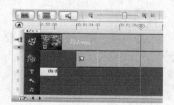

图 9.1-146

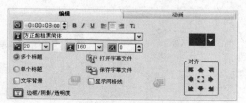

图 9.1-147

图 9.1-148

（2）在"编辑"面板中将"区间"选项设为 14
秒，如图 9.1-149 所示。在标题轨上单击鼠标，输入
的文字将被添加到前面所设置的标题的起始位置，
如图 9.1-150 所示。

图 9.1-149

图 9.1-150

（3）单击"边框/阴影/透明度"按钮，弹出
"边框/阴影/透明度"对话框，在"边框"选项卡中，
将"线条色彩"选项设为白色，如图 9.1-151 所示。
选择"阴影"选项卡，弹出"阴影"对话框，单击
"光晕阴影"按钮 A，再单击"光晕阴影色彩"色
块，在弹出的列表中选择"友立色彩选取器"，在弹
出的对话框中进行设置，如图 9.1-152 所示，单击"确
定"按钮，返回到"阴影"对话框中进行设置，如
图 9.1-153 所示，单击"确定"按钮，预览窗口中效
果如图 9.1-154 所示。

图 9.1-151

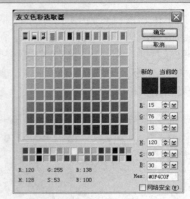

图 9.1-152

图 9.1-153

图 9.1-154

（4）在"动画"面板中勾选"应用动画"复选
框，单击"类型"选项右侧的下拉按钮，在弹出的
下拉列表中选择"飞行"选项，如图 9.1-155 所示，
在预览窗口中拖动飞梭栏滑块，在预览窗口中观
看效果，如图 9.1-156 所示。

图 9.1-155

图 9.1-156

9.1.12 添加音视素材

（1）单击步骤选项卡中的"音频"按钮 **音频**，切换至音频面板，单击"音频"素材库中的"加载音频"按钮 📁，在弹出的"打开音频文件"对话框中选择光盘目录下"Ch09 > 素材 >制作音乐 MTV>来不及.wma"文件，如图 9.1-157 所示，单击"打开"按钮，所选中的音频素材被添加到素材库中，效果如图 9.1-158 所示。

图 9.1-157

图 9.1-158

（2）拖曳时间轴标尺上的位置标记 ▽，至 6

秒处，如图 9.1-159 所示。在素材库中选择"来不及.wma"，按住鼠标左键将其拖曳至"音乐轨"上，释放鼠标，效果如图 9.1-160 所示。

图 9.1-159

图 9.1-160

（3）单击"属性"面板中的"淡出"按钮 ⅢⅢ，如图 9.1-161 所示。单击"时间轴"面板中的【音频视图】按钮 🔊，查看音频素材的淡出效果，如图 9.1-162 所示。

图 9.1-161

图 9.1-162

9.1.13 输出影片

（1）单击步骤选项卡中的"分享"按钮 **分享**，切换至分享面板，单击选项面板中的"创建视频文件"按钮 📷，在弹出的列表中选择"DVD/VCD/SVCD/MPEG > PAL MPEG1（720×576，25 fps）"选项，如图 9.1-163 所示，在弹出的"创建视频文件"对话框中选择文件的保存路径。

图 9.1-163

图 9.1-164

（2）单击"保存"按钮，输出视频文件，系统渲染完成后，自动添加到"视频"素材库中，效果如图 9.1-164 所示。

9.2　制作旅游记录片

知识要点：使用覆叠轨管理器按钮添加多个覆叠轨。使用视频滤镜改变图像素材显示的大小。使用调整到屏幕大小命令将图像素材调整到屏幕大小。使用双色调滤镜改变素材颜色效果。

9.2.1　添加图像素材

（1）启动会声会影 11，在启动面板中选择"会声会影编辑器"选项，如图 9.2-1 所示，进入会声会影程序主界面。

图 9.2-1

（2）单击素材库中的"画廊"按钮 ，在弹出的列表中选择"图像"选项。单击"图像"素材库中的"加载图像"按钮 ，在弹出的"打开图像文件"对话框中选择光盘目录下"Ch09/素材/制作旅游记录片/ 01.JPG~30.JPG"文件，如图 9.2-2 所示，单击"打开"按钮，所有选中的图像素材被添加到素材库中，效果如图 9.2-3 所示。

图 9.2-2

图 9.2-3

（3）单击"时间轴"面板中的"时间轴视图"按钮 ，切换到时间轴视图。在素材库中选择"01.JPG"，按住鼠标左键将其拖曳至"视频轨"上，释放鼠标，效果如图 9.2-4 所示。在"图像"面板中将"区间"选项设为 10 秒，时间轴效果如图 9.2-5 所示。

图 9.2-4

图 9.2-5

9.2.2　添加覆叠轨

（1）单击"覆叠轨管理器"按钮，弹出"覆叠轨管理器"对话框，勾选"覆叠轨#2"、"覆叠轨#3"、"覆叠轨#4"复选框，如图 9.2-6 所示，单击"确定"按钮，在预设的"覆叠轨#1"下方添加新的覆叠轨，效果如图 9.2-7 所示。

图 9.2-6

图 9.2-7

（2）在"图像"面板中勾选"摇动和缩放"单选项，单击"摇动和缩放"按钮，弹出"摇动和缩放"对话框，拖曳图像窗口中的十字标记，改

变聚焦的中心点，其他选项的设置如图 9.2-8 所示，单击"时间轴"选项右侧的棱形标记，移动到下一个关键帧，在图像窗口中拖曳中间的十字标记，改变聚焦的中心点，其他选项的设置如图 9.2-9 所示，单击"确定"按钮。

图 9.2-8

图 9.2-9

（3）单击素材库中的"画廊"按钮，在弹出的列表中选择"视频滤镜"选项，在素材库中选择"发散光晕"滤镜并将其添加到"视频轨"中的"01.JPG"图像素材上，如图 9.2-10 所示，释放鼠标，视频滤镜被应用到素材上，效果如图 9.2-11 所示。

图 9.2-10

图 9.2-11

（4）在"属性"面板中单击"自定义滤镜"按钮，在弹出的对话框中进行设置，如图 9.2-12 所示，单击右侧的棱形标记，移动到下一个关键帧，在对话框中进行设置，如图 9.2-13 所示，单击"确定"按钮。

图 9.2-12

图 9.2-13

（5）在"属性"面板中取消勾选"替换上一个滤镜"复选框，如图 9.2-14 所示。在素材库中选择"镜头闪光"滤镜并将其添加到"视频轨"中的"01.JPG"图像素材上，如图 9.2-15 所示，释放鼠标，视频滤镜被应用到素材上，效果如图 9.2-16 所示。

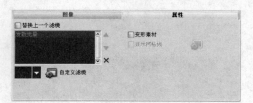

图 9.2-14

图 9.2-15

图 9.2-16

（6）在"属性"面板中单击"自定义滤镜"按钮，在弹出的对话框中进行设置，如图 9.2-17 所示，单击右侧的棱形标记，移动到下一个关键帧，在对话框中进行设置，如图 9.2-18 所示，单击"确定"按钮。

图 9.2-17

图 9.2-18

（7）拖曳时间轴标尺上的位置标记▽，拖曳到 2 秒 23 帧处，如图 9.2-19 所示。

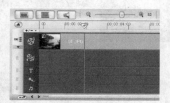

图 9.2-19

（8）单击素材库中的"画廊"按钮▼，在弹出的列表中选择"图像"选项，在素材库中选择"02.JPG"，按住鼠标左键将其拖曳至"视频轨"上，释放鼠标，效果如图 9.2-20 所示。

图 9.2-20

9.2.3 调整图像素材的摇动和缩放效果

（1）在"图像"面板中勾选"摇动和缩放"单选项，单击"自定义"按钮，弹出"摇动和缩放"对话框，拖曳图像窗口中的十字标记┿，改变聚焦的中心点，其他选项的设置如图 9.2-21 所示，单击右侧的棱形标记，移动到下一个关键帧，在图像窗口中拖曳中间的十字标记┿，改变聚焦的中心点，其他选项的设置如图 9.2-22 所示，单击"确定"按钮。

图 9.2-21

图 9.2-22

（2）在"图像"面板中将"区间"选项设为 10 秒，如图 9.2-23 所示，时间轴效果如图 9.2-24 所示。

图 9.2-23

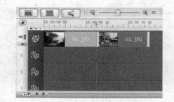

图 9.2-24

（3）单击素材库中的"画廊"按钮▼，在弹出的列表中选择"转场>闪光"选项，在"闪光"素材库中选择"FB1"过渡效果并将其添加到"视频轨"上的"01.JPG"和"02.JPG"两个图像素材中间，如图 9.2-25 所示，释放鼠标，过渡效果应用到当前项目的素材之间，效果如图 9.2-26 所示。

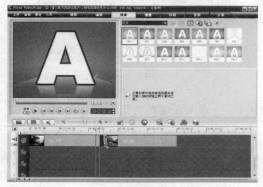

图 9.2-25

图 9.2-26

（4）单击素材库中的"画廊"按钮■，在弹出的列表中选择"图像"选项，在素材库中选择"03.JPG"，按住鼠标左键将其拖曳至"覆叠轨"上，释放鼠标，效果如图 9.2-27 所示。在预览窗口中拖曳素材到左下方，效果如图 9.2-28 所示。

图 9.2-27

图 9.2-28

9.2.4 改变图像颜色效果

（1）单击素材库中的"画廊"按钮■，在弹出的列表中选择"视频滤镜"选项，在素材库中选择"修剪"滤镜并将其添加到"覆叠轨"中的"03.JPG"图像素材上，如图 9.2-29 所示，释放鼠标，视频滤镜被应用到素材上，效果如图 9.2-30 所示。

图 9.2-29

图 9.2-30

（2）在"属性"面板中单击"自定义滤镜"按钮■，弹出"修剪"对话框，拖曳图像窗口中的十字标记╋，改变聚焦的中心点，取消勾选"填充色"复选框，其他选项的设置如图 9.2-31 所示。单击右侧的棱形标记，移动到下一个关键帧，在图像窗口中拖曳中间的十字标记╋，改变聚焦的中心点，其他选项的设置如图 9.2-32 所示，单击"确定"按钮。

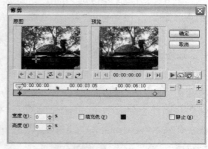

图 9.2-31

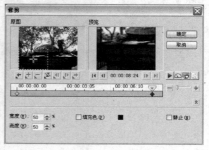

图 9.2-32

（3）在素材库中选择"双色调"滤镜并将其添加到"覆叠轨"中的"03.JPG"图像素材上，如图9.2-33所示，释放鼠标，视频滤镜被应用到素材上，效果如图9.2-34所示。

图 9.2-33

图 9.2-34

（4）在"属性"面板中单击"预设"右侧的三角形按钮，在弹出的面板中选择需要的预设类型，如图9.2-35所示。

图 9.2-35

（5）在"属性"面板中单击"淡入动画效果"按钮，如图9.2-36所示。在"编辑"面板中将"区间"选项设为9秒，如图9.2-37所示，时间轴效果如图9.2-38所示。

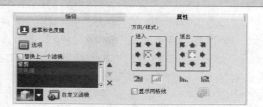

图 9.2-36

图 9.2-37

图 9.2-38

（6）单击素材库中的"画廊"按钮，在弹出的列表中选择"图像"选项，在素材库中选择"03.JPG"，按住鼠标左键将其拖曳至"覆叠轨"上，释放鼠标，效果如图9.2-39所示。在预览窗口中拖曳素材到右下方，效果如图9.2-40所示。

图 9.2-39

图 9.2-40

（7）单击素材库中的"画廊"按钮，在弹出的列表中选择"视频滤镜"选项，在素材库中选择"修剪"滤镜并将其添加到"覆叠轨"中的"03.JPG"图像素材上，如图 9.2-41 所示，释放鼠标，视频滤镜被应用到素材上，效果如图 9.2-42 所示。

图 9.2-41

图 9.2-42

（8）在"属性"面板中单击"自定义滤镜"按钮，弹出"修剪"对话框，拖曳图像窗口中的十字标记╋，改变聚焦的中心点，取消勾选"填充色"复选框，其他选项的设置如图 9.2-43 所示。单击右侧的棱形标记，移动到下一个关键帧，在图像窗口中拖曳中间的十字标记╋，改变聚焦的中心点，其他选项的设置如图 9.2-44 所示，单击"确定"按钮。

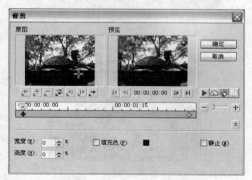

图 9.2-43

图 9.2-44

（9）在素材库中选择"双色调"滤镜并将其添加到"覆叠轨"中的"03.JPG"图像素材上，如图 9.2-45 所示，释放鼠标，视频滤镜被应用到素材上，效果如图 9.2-46 所示。

图 9.2-45

图 9.2-46

（10）在"属性"面板中单击"预设"右侧的三角形按钮，在弹出的面板中选择需要的预设类型，如图 9.2-47 所示。在"属性"面板中单击"淡入动画效果"按钮。在"编辑"面板中将"区间"选项设为 9 秒，时间轴效果如图 9.2-48 所示。

图 9.2-47

图 9.2-48

（11）单击素材库中的"画廊"按钮，在弹出的列表中选择"图像"选项，在素材库中选择"03.JPG"，按住鼠标左键将其拖曳至"覆叠轨"上，释放鼠标，效果如图 9.2-49 所示。在预览窗口中拖曳素材到左上方，效果如图 9.2-50 所示。

图 9.2-49

图 9.2-50

（12）单击素材库中的"画廊"按钮，在弹出的列表中选择"转场>视频滤镜"选项，在素材库中选择"修剪"滤镜并将其添加到"覆叠轨"中的"03.JPG"图像素材上，如图 9.2-51 所示，释放鼠标，视频滤镜被应用到素材上，效果如图 9.2-52 所示。

图 9.2-51

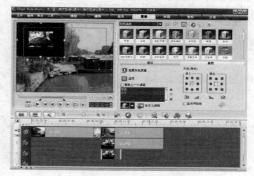

图 9.2-52

（13）在"属性"面板中单击"自定义滤镜"按钮，弹出"修剪"对话框，拖曳图像窗口中的十字标记，改变聚焦的中心点，取消勾选"填充色"复选框，其他选项的设置如图 9.2-53 所示。单击右侧的棱形标记，移动到下一个关键帧，在图像窗口中拖曳中间的十字标记，改变聚焦的中心点，其他选项的设置如图 9.2-54 所示，单击"确定"按钮。

图 9.2-53

图 9.2-54

（14）在素材库中选择"双色调"滤镜并将其添加到"覆叠轨"中的"03.JPG"图像素材上，如图 9.2-55 所示。释放鼠标，视频滤镜被应用到素材上，效果如图 9.2-56 所示。

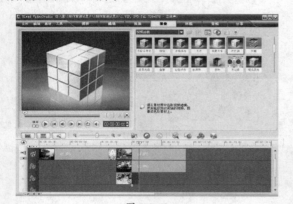

图 9.2-55

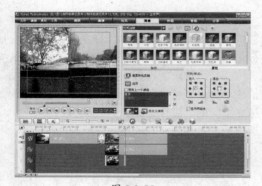

图 9.2-56

（15）在"属性"面板中单击"预设"右侧的三角形按钮，在弹出的面板中选择需要的预设类型，如图 9.2-57 所示。在"属性"面板中单击"淡入动画效果"按钮。在"编辑"面板中将"区间"选项设为 9 秒，时间轴效果如图 9.2-58 所示。

图 9.2-57

图 9.2-58

（16）单击素材库中的"画廊"按钮，在弹出的列表中选择"图像"选项，在素材库中选择"03.JPG"，按住鼠标左键将其拖曳至"覆叠轨"上，释放鼠标，效果如图 9.2-59 所示。在预览窗口中拖曳素材到右上方，效果如图 9.2-60 所示。

图 9.2-59

图 9.2-60

（17）单击素材库中的"画廊"按钮▼，在弹出的列表中选择"视频滤镜"选项，在素材库中选择"修剪"滤镜并将其添加到"覆叠轨"中的"03.JPG"图像素材上，如图 9.2-61 所示。释放鼠标，视频滤镜被应用到素材上，效果如图 9.2-62 所示。

图 9.2-64

（19）在素材库中选择"双色调"滤镜并将其添加到"覆叠轨"中的"03.JPG"图像素材上，如图 9.2-65 所示。释放鼠标，视频滤镜被应用到素材上，效果如图 9.2-66 所示。

图 9.2-61

图 9.2-62

（18）在"属性"面板中单击"自定义滤镜"按钮，弹出"修剪"对话框，拖曳图像窗口中的十字标记╋，改变聚焦的中心点，取消勾选"填充色"复选框，其他选项的设置如图 9.2-63 所示。单击右侧的棱形标记，移动到下一个关键帧，在图像窗口中拖曳中间的十字标记╋，改变聚焦的中心点，其他选项的设置如图 9.2-64 所示，单击"确定"按钮。

图 9.2-65

图 9.2-66

（20）在"属性"面板中单击"预设"右侧的三角形按钮▼，在弹出的面板中选择需要的预设类型，如图 9.2-67 所示。在"属性"面板中单击"淡入动画效果"按钮。在"编辑"面板中将"区间"选项设为 9 秒，时间轴效果如图 9.2-68 所示。

图 9.2-63

图 9.2-67

图 9.2-68

（21）单击素材库中的"画廊"按钮，在弹出的列表中选择"图像"选项，在素材库中选择"03.JPG"，按住鼠标左键将其拖曳至"视频轨"上，释放鼠标，在预览窗口中拖曳素材到适当的位置，效果如图 9.2-69 所示。

图 9.2-69

（22）单击素材库中的"画廊"按钮，在弹出的列表中选择"视频滤镜"选项，在素材库中选择"发散光晕"滤镜并将其添加到"视频轨"中的"03.JPG"图像素材上，如图 9.2-70 所示，释放鼠标，视频滤镜被应用到素材上，效果如图 9.2-71 所示。

图 9.2-70

图 9.2-71

（23）在"属性"面板中单击"自定义滤镜"按钮，在弹出的对话框中进行设置，如图 9.2-72 所示，单击右侧的棱形标记，移动到下一个关键帧，各选项的设置如图 9.2-73 所示，单击"确定"按钮。

图 9.2-72

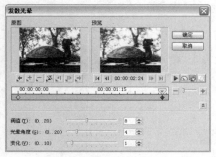

图 9.2-73

（24）在"图像"面板中勾选"摇动和缩放"复选框，单击"自定义" 按钮，弹出"摇动和缩放"对话框，拖曳图像窗口中的十字标记十，改变聚焦的中心点，其他选项的设置如图 9.2-74 所示。单击右侧的棱形标记，移动到下一个关键帧，在图像窗口中拖曳中间的十字标记十，改变聚焦的中心点，其他选项的设置如图 9.2-75 所示。单击"确定"按钮。在"图像"面板中将"区间"选项设为 10 秒，时间轴效果如图 9.2-76 所示。

图 9.2-77

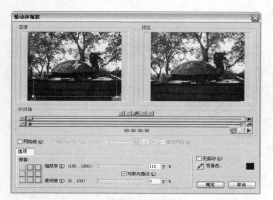

图 9.2-74

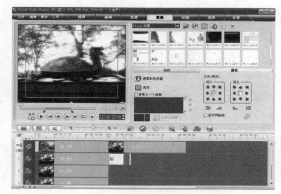

图 9.2-78

（26）在"编辑"面板中单击"回放速度"按钮 ，在弹出的对话框中进行设置，如图 9.2-79 所示，单击"确定"按钮，时间轴效果如图 9.2-80 所示。

图 9.2-75

图 9.2-79

图 9.2-76

（25）单击素材库中的"画廊"按钮 ，在弹出的列表中选择"Flash 动画"选项，在素材库中选择"MotionF06"，按住鼠标左键将其拖曳至"覆叠轨"上，如图 9.2-77 所示，释放鼠标，效果如图 9.2-78 所示。

图 9.2-80

（27）在素材库中选择"MotionF06"，按住鼠标左键将其拖曳至"覆叠轨"上，如图 9.2-81 所示，释放鼠标，效果如图 9.2-82 所示。

图 9.2-81

图 9.2-82

（28）在"编辑"面板中单击"回放速度"按钮，在弹出的对话框中进行设置，如图 9.2-83 所示，单击"确定"按钮，时间轴效果如图 9.2-84 所示。在"编辑"面板中勾选"反转视频"复选框，如图 9.2-85 所示。

图 9.2-83

图 9.2-84

图 9.2-85

（29）单击素材库中的"画廊"按钮，在弹出的列表中选择"图像"选项，在素材库中选择"23.JPG"，按住鼠标左键将其拖曳至"视频轨"上，释放鼠标，效果如图 9.2-86 所示。

图 9.2-86

（30）在"图像"面板中勾选"摇动和缩放"复选框，将"区间"选项设为 10 秒，如图 9.2-87 所示，时间轴效果如图 9.2-88 所示。

图 9.2-87

图 9.2-88

（31）单击素材库中的"画廊"按钮，在弹出的列表中选择"转场 > 三维"选项，在素材库中选择"折叠盒"过渡效果并将其添加到"视频轨"上的"03.JPG"和"23.JPG"两个图像素材中间，如图 9.2-89 所示，释放鼠标，过渡效果应用到当前项目的素材之间，效果如图 9.2-90 所示。

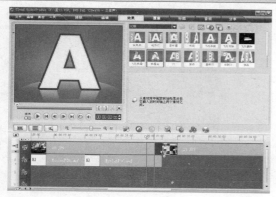

图 9.2-89

图 9.2-90

（32）单击素材库中的"画廊"按钮 ，在弹出的列表中选择"图像"选项，在素材库中选择"04.JPG"，按住鼠标左键将其拖曳至"覆叠轨"上，释放鼠标，效果如图 9.2-91 所示。在预览窗口的素材上单击鼠标右键，在弹出的菜单中选择"调整到屏幕大小"命令，效果如图 9.2-92 所示。

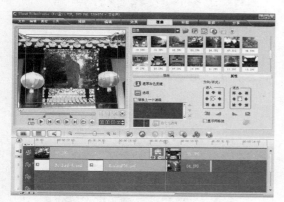

图 9.2-91

图 9.2-92

9.2.5　添加素材遮罩效果

（1）在"属性"面板中单击"淡入动画效果"按钮 、"淡出动画效果"按钮 ，再次单击"遮罩和色度键"按钮 ，打开覆叠选项面板，勾选"应用覆叠选项"复选框，在"类型"选项下拉列表中选择"遮罩帧"选项，在右侧的面板中选择需要的样式，如图 9.2-93 所示。此时在预览窗口中观看图像素材应用遮罩后的效果，如图 9.2-94 所示。在"编辑"面板中勾选"应用摇动和缩放"复选框。

图 9.2-93

图 9.2-94

（2）在"图像"素材库中选择"15.JPG，按住鼠标左键将其拖曳至"覆叠轨"上，释放鼠标，效果如图 9.2-95 所示。在预览窗口的素材上单击鼠标右键，在弹出的菜单中选择"调整到屏幕大小"命令，效果如图 9.2-96 所示。

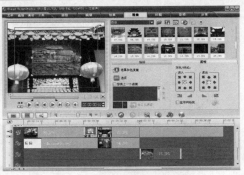

图 9.2-95

图 9.2-96

（3）在"属性"面板中单击"淡入动画效果"按钮 ，、"淡出动画效果"按钮 ，如图 9.2-97 所示，再次单击"遮罩和色度键"按钮 ，打开覆叠选项面板，勾选"应用覆叠选项"复选框，在"类型"选项下拉列表中选择"遮罩帧"选项，在右侧的面板中选择需要的样式，如图 9.2-98 所示。此时在预览窗口中观看图像素材应用遮罩后的效果，如图 9.2-99 所示。

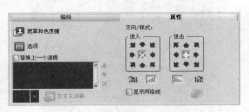

图 9.2-97

图 9.2-98

图 9.2-99

（4）在"编辑"面板中勾选"应用摇动和缩放"复选框，如图 9.2-100 所示。

图 9.2-100

（5）在素材库中选择"17.JPG，按住鼠标将其拖曳至"覆叠轨"上，释放鼠标，效果如图 9.2-101 所示。在预览窗口的素材上单击鼠标右键，在弹出的菜单中选择"调整到屏幕大小"命令，效果如图 9.2-102 所示。

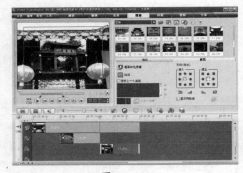

图 9.2-101

图 9.2-102

（6）在"属性"面板中单击 "淡入动画效果"按钮、"淡出动画效果"按钮，如图 9.2-103 所示。再次单击"遮罩和色度键"按钮，打开覆叠选项面板，勾选"应用覆叠选项"复选框，在"类型"选项下拉列表中选择"遮罩帧"选项，在右侧的面板中选择需要的样式，如图 9.2-104 所示。此时在预览窗口中观看图像素材应用遮罩后的效果，如图 9.2-105 所示。在"编辑"面板中勾选"应用摇动和缩放"复选框。

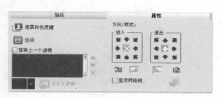

图 9.2-103

图 9.2-104

图 9.2-105

（7）在素材库中选择"06.JPG"，按住鼠标将其拖曳至"视频轨"上，释放鼠标，效果如图 9.2-106 所示。在"图像"面板中勾选"摇动和缩放"单选项，如图 9.2-107 所示，将"区间"选项设为 10 秒，时间轴效果如图 9.2-108 所示。

图 9.2-106

图 9.2-107

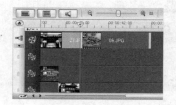

图 9.2-108

（8）在"视频滤镜"素材库中选择"气泡"滤镜并将其添加到"视频轨"中的"06.JPG"图像素材上，如图 9.2-109 所示，释放鼠标，视频滤镜被应用到素材上，效果如图 9.2-110 所示。

图 9.2-109

图 9.2-110

9.2.6　添加素材遮罩滤镜效果

（1）单击素材库中的"画廊"按钮，在弹出的列表中选择"转场>遮罩"选项，在素材库中选择"遮罩 A5"过渡效果并将其添加到"视频轨"上的"23.JPG"和"06.JPG"两个图像素材中间，如图 9.2-111 所示，释放鼠标，过渡效果应用到当前项目的素材之间，效果如图 9.2-112 所示。

图 9.2-111

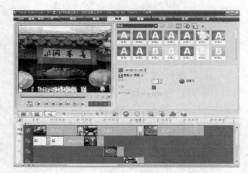

图 9.2-112

（2）拖曳时间轴标尺上的位置标记 🔽，拖曳到 38 秒处，如图 9.2-113 所示。单击素材库中的"画廊"按钮 🔽，在弹出的列表中选择"Flash 动画"选项，在素材库中选择"MotionD11"，按住鼠标左键将其拖曳至"覆叠轨"上，释放鼠标，效果如图 9.2-114 所示。

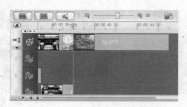

图 9.2-113

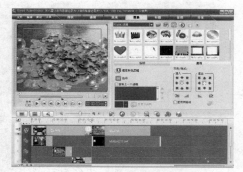

图 9.2-114

（3）在"属性"面板中单击"淡入动画效果"

按钮 ⅲ，如图 9.2-115 所示。在"编辑"面板中将区间选项设为 8 秒，时间轴效果如图 9.2-116 所示。

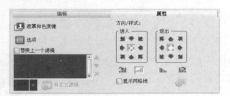

图 9.2-115

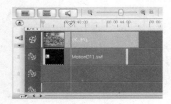

图 9.2-116

（4）单击素材库中的"画廊"按钮 🔽，在弹出的列表中选择"图像"选项，在素材库中选择"07.JPG"，按住鼠标左键将其拖曳至"视频轨"上，释放鼠标，效果如图 9.2-117 所示。

图 9.2-117

（5）在"图像"面板中勾选"摇动和缩放"单选项，单击"预设"右侧的三角形按钮 🔽，在弹出的面板中选择需要的预设类型，如图 9.2-118 所示。在"图像"面板中将"区间"选项设为 10 秒，时间轴效果如图 9.2-119 所示。

图 9.2-118

图 9.2-119

（6）单击素材库中的"画廊"按钮 ![down]，在弹出的列表中选择"转场 > 过滤"选项，在素材库中选择"交叉淡化"过渡效果并将其添加到"视频轨"上的"06.JPG"和"07.JPG"两个图像素材中间，如图 9.2-120 所示，释放鼠标，过渡效果应用到当前项目的素材之间，效果如图 9.2-121 所示。

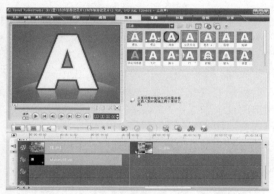

图 9.2-120

图 9.2-121

9.2.7 添加素材描边效果

（1）拖曳时间轴标尺上的位置标记 ![down]，拖曳到 47 秒处，如图 9.2-122 所示。单击素材库中的"画廊"按钮 ![down]，在弹出的列表中选择"图像"选项，在素材库中选择"12.JPG"，按住鼠标左键将其拖曳至"覆叠轨"上，释放鼠标，效果如图 9.2-123 所示。在预览窗口中拖曳黄色控制点改变素材的大小，单

击鼠标右键，在弹出的菜单中选择"停靠在中央>居左"命令，在预览窗口中素材居左对齐，按键盘上的向右方向键移动素材到适当位置，效果如图 9.2-124 所示。

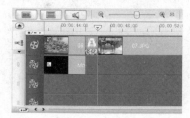

图 9.2-122

图 9.2-123

图 9.2-124

（2）单击"属性"面板中的"遮罩和色度键"按钮 ![icon]，打开覆叠选项面板，将"边框色彩"设为白色，"边框"选项设为 2，如图 9:2-125 所示，在预览窗口中效果如图 9.2-126 所示。

图 9.2-125

图 9.2-126

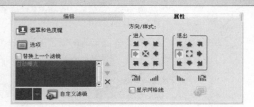

图 9.2-129

图 9.2-130

（3）单击素材库中的"画廊"按钮，在弹出的列表中选择"视频滤镜"选项，在素材库中选择"自动曝光"滤镜并将其添加到"视频轨"中的"12.JPG"图像素材上，如图 9.2-127 所示。释放鼠标，视频滤镜被应用到素材上，效果如图 9.2-128 所示。

（5）单击素材库中的"画廊"按钮，在弹出的列表中选择"图像"选项，在素材库中选择"20.JPG"，按住鼠标左键将其拖曳至"覆叠轨"上，释放鼠标，效果如图 9.2-131 所示。在预览窗口中拖曳黄色控制点改变素材的大小，单击鼠标右键，在弹出的菜单中选择"停靠在中央 > 居右"命令，在预览窗口中素材居左对齐，按键盘上的向右方向键移动素材到适当位置，效果如图 9.2-132 所示。

图 9.2-127

图 9.2-131

图 9.2-128

（4）在"方向/样式"面板中的设置覆叠素材和运动方向，如图 9.2-129 所示。在"编辑"面板中勾选"应用摇动和缩放"复选框，如图 9.2-130 所示。

图 9.2-132

（6）单击"属性"面板中的"遮罩和色度键"按钮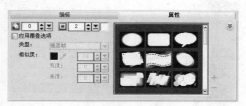，打开覆叠选项面板，将"边框色彩"设为白色，"边框"选项设为 2，如图 9.2-133 所示，预览窗口中效果如图 9.2-134 所示。

图 9.2-133

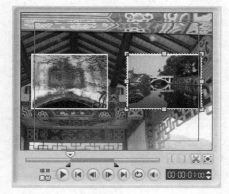

图 9.2-134

（7）单击素材库中的"画廊"按钮，在弹出的列表中选择"视频滤镜"选项，在素材库中选择"自动曝光"滤镜并将其添加到"覆叠轨"中的"20.JPG"图像素材上，如图 9.2-135 所示，释放鼠标，视频滤镜被应用到素材上，效果如图 9.2-136 所示。

图 9.2-135

图 9.2-136

9.2.8　调整素材位置及方向

（1）在"方向/样式"面板中设置覆叠素材的运动方向，如图 9.2-137 所示。在"编辑"面板中勾选"应用摇动和缩放"复选框，如图 9.2-138 所示。

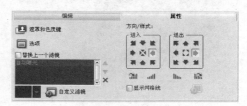

图 9.2-137

图 9.2-138

（2）拖曳时间轴标尺上的位置标记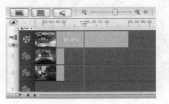，拖曳到 51 秒 22 帧处，如图 9.2-139 所示。单击素材库中的"画廊"按钮，在弹出的列表中选择"图像"选项，在素材库中选择"10.JPG"，按住鼠标左键将其拖曳至"覆叠轨"上，释放鼠标，效果如图 9.2-140 所示。在预览窗口中拖曳黄色控制点改变素材的大小，单击鼠标右键，在弹出的菜单中选择"停靠在底部>居中"命令，在预览窗口中素材底部居中对齐，按键盘上的向下方向键移动素材到适当位置，效果如图 9.2-141 所示。

图 9.2-139

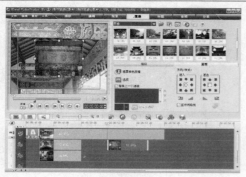

图 9.2-140

图 9.2-141

（3）单击"属性"面板中的"遮罩和色度键"按钮 （此处为按钮图标），打开覆叠选项面板，将"边框色彩"设为白色，"边框"选项设为 2，如图 9.2-142 所示，预览窗口中效果如图 9.2-143 所示。

图 9.2-142

图 9.2-143

（4）单击素材库中的"画廊"按钮 ▼，在弹出的列表中选择"视频滤镜"选项，在素材库中选择"自动曝光"滤镜并将其添加到"覆叠轨"中的"10.JPG"图像素材上，如图 9.2-144 所示，释放鼠标，视频滤镜被应用到素材上，效果如图 9.2-145 所示。

图 9.2-144

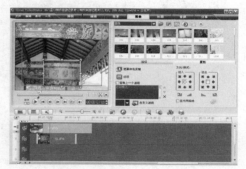

图 9.2-145

（5）在"方向/样式"面板中设置覆叠素材的运动方向，如图 9.2-146 所示。在"编辑"面板中勾选"应用摇动和缩放"复选框，如图 9.2-147 所示。

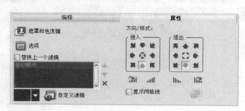

图 9.2-146

图 9.2-147

（6）单击素材库中的"画廊"按钮 ▼，在弹出的列表中选择"图像"选项，在素材库中选择"24.JPG"，按住鼠标左键将其拖曳至"覆叠轨"上，释放鼠标，效果如图 9.2-148 所示。在预览窗口中拖曳黄色控制点改变素材的大小，效果如图 9.2-149 所示。单击鼠标右键，在弹出的菜单中选择"停靠在顶部>居中"命令，在预览窗口中素材顶部居中对齐，按键盘上的向上方向键移动素材到适当位置，效果如图 9.2-150 所示。

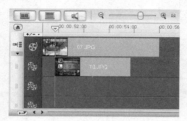

图 9.2-148

图 9.2-149

图 9.2-150

（7）单击"属性"面板中的"遮罩和色度键"按钮，打开覆叠选项面板，将"边框色彩"设为白色，"边框"选项设为 2，如图 9.2-151 所示，预览窗口中效果如图 9.2-152 所示。

图 9.2-151

图 9.2-152

（8）在"方向/样式"面板中设置覆叠素材的运动方向，如图 9.2-153 所示。在"编辑"面板中勾选"应用摇动和缩放"复选框，如图 9.2-154 所示。

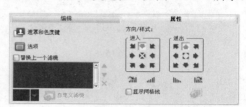

图 9.2-153

图 9.2-154

（9）拖曳时间轴标尺上的位置标记，拖曳到 49 秒 11 帧处，如图 9.2-155 所示。在素材库中选择"30.JPG"，按住鼠标左键将其拖曳至"覆叠轨"上，释放鼠标，效果如图 9.2-156 所示。在预览窗口中拖曳素材到适当的位置并调整大小，效果如图 9.2-157 所示。

图 9.2-155

图 9.2-156

图 9.2-157

（10）单击"属性"面板中的"遮罩和色度键"按钮 ，打开覆叠选项面板，将"边框色彩"设为白色，"边框"选项设为 2，如图 9.2-158 所示，预览窗口中效果如图 9.2-159 所示。

图 9.2-158

图 9.2-159

（11）在"方向/样式"面板中设置覆叠素材的运动方向，如图 9.2-160 所示。在"编辑"面板中勾选"应用摇动和缩放"复选框，如图 9.2-161 所示。

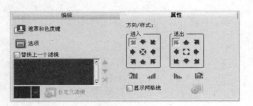

图 9.2-160

图 9.2-161

（12）在"图像"素材库中选择"29.JPG"，按住鼠标左键将其拖曳至"覆叠轨"上，释放鼠标，效果如图 9.2-162 所示。在预览窗口中拖曳素材到适当的位置并调整大小，效果如图 9.2-163 所示。

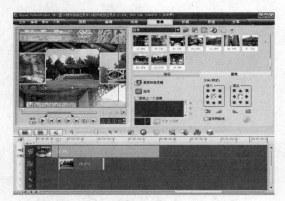

图 9.2-162

图 9.2-163

（13）单击"属性"面板中的"遮罩和色度键"按钮 ，打开覆叠选项面板，将"边框色彩"设为白色，"边框"选项设为 2，如图 9.2-164 所示，在预览窗口中效果如图 9.2-165 所示。

图 9.2-164

图 9.2-165

（14）在"方向/样式"面板中设置覆叠素材的运动方向，如图 9.2-166 所示。在"编辑"面板中勾选"应用摇动和缩放"复选框，如图 9.2-167 所示。

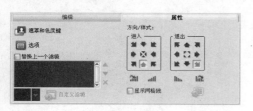

图 9.2-166

图 9.2-167

（15）拖曳时间轴标尺上的位置标记 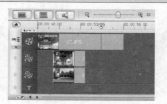，拖曳到 53 秒 23 帧处，如图 9.2-168 所示。在素材库中选择"09.JPG"，按住鼠标左键将其拖曳至"覆叠轨"上，释放鼠标，效果如图 9.2-169 所示。在预览窗口中拖曳素材到适当的位置并调整大小，效果如图 9.2-170 所示。

图 9.2-168

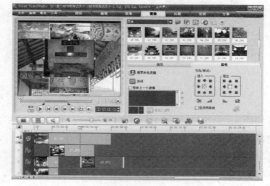

图 9.2-169

图 9.2-170

（16）单击素材库中的"画廊"按钮 ，在弹出的列表中选择"视频滤镜"选项，在素材库中选择"自动曝光"滤镜并将其添加到"覆叠轨"中的"09.JPG"图像素材上，如图 9.2-171 所示。释放鼠标，视频滤镜被应用到素材上，效果如图 9.2-172 所示。

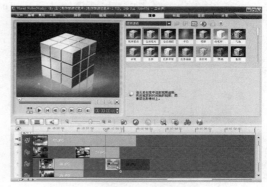

图 9.2-171

图 9.2-172

（17）单击"属性"面板中的"遮罩和色度键"按钮，打开覆叠选项面板，将"边框色彩"设为白色，"边框"选项设为 2，如图 9.2-173 所示，预览窗口中效果如图 9.2-174 所示。

图 9.2-173

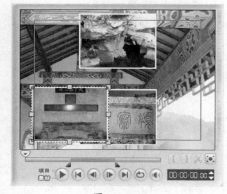

图 9.2-174

（18）在"方向/样式"面板中设置覆叠素材的运动方向，如图 9.2-175 所示。在"编辑"面板中勾选"应用摇动和缩放"复选框，如图 9.2-176 所示。

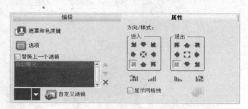

图 9.2-175

图 9.2-176

（19）单击素材库中的"画廊"按钮，在弹出的列表中选择"图像"选项，在素材库中选择"11.JPG"，按住鼠标左键将其拖曳至"覆叠轨"上，释放鼠标，效果如图 9.2-177 所示。在预览窗口中拖曳素材到适当的位置并调整大小，效果如图 9.2-178 所示。

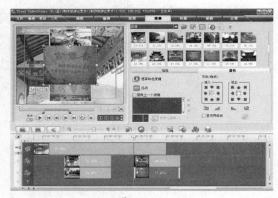

图 9.2-177

图 9.2-178

（20）单击素材库中的"画廊"按钮，在弹出的列表中选择"视频滤镜"选项，在素材库中选择"自动曝光"滤镜并将其添加到"覆叠轨"中的"11.JPG"图像素材上，如图 9.2-179 所示，释放鼠标，视频滤镜被应用到素材上，效果如图 9.2-180 所示。

图 9.2-179

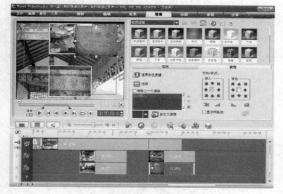

图 9.2-180

（21）单击"属性"面板中的"遮罩和色度键"按钮，打开覆叠选项面板，将"边框色彩"设为白色，"边框"选项设为 2，如图 9.2-181 所示，预览窗口中效果如图 9.2-182 所示。

图 9.2-181

图 9.2-182

（22）在"方向/样式"面板中设置覆叠素材的运动方向，如图 9.2-183 所示。在"编辑"面板中勾选"应用摇动和缩放"复选框，如图 9.2-184 所示。

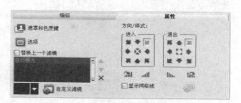

图 9.2-183

图 9.2-184

（23）单击素材库中的"画廊"按钮▼，在弹出的列表中选择"图像"选项，在素材库中选择"08.JPG"，按住鼠标左键将其拖曳至"视频轨"上，释放鼠标，效果如图 9.2-185 所示。

图 9.2-185

（24）单击素材库中的"画廊"按钮▼，在弹出的列表中选择"视频滤镜"选项，在素材库中选择"模糊"滤镜并将其添加到"视频轨"中的"08.JPG"图像素材上，如图 9.2-186 所示。释放鼠标，视频滤镜被应用到素材上，效果如图 9.2-187 所示。

图 9.2-186

图 9.2-187

（25）在"图像"面板中勾选"摇动和缩放"单选项，将"区间"选项设为 10，如图 9.2-188 所示，时间轴效果如图 9.2-189 所示。

图 9.2-188

图 9.2-189

（26）单击素材库中的"画廊"按钮，在弹出的列表中选择"转场 > 遮罩"选项，在素材库中选择"遮罩 E"过渡效果并将其添加到"视频轨"上的"07.JPG"和"08.JPG"两个图像素材中间，如图 9.2-190 所示。释放鼠标，过渡效果应用到当前项目的素材之间，效果如图 9.2-191 所示。

图 9.2-190

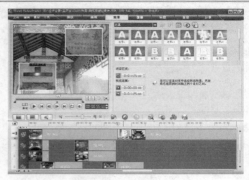

图 9.2-191

（27）拖曳时间轴标尺上的位置标记，拖曳到 58 秒处，如图 9.2-192 所示。在素材库中选择"18.JPG"，按住鼠标左键将其拖曳至"覆叠轨"上，释放鼠标，效果如图 9.2-193 所示。在预览窗口中单击鼠标右键，在弹出的菜单中选择"调整到屏幕大小"命令，预览窗口中效果如图 9.2-194 所示。

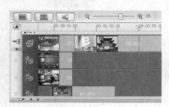

图 9.2-192

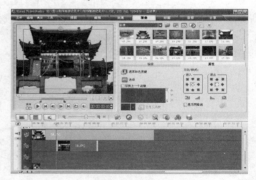

图 9.2-193

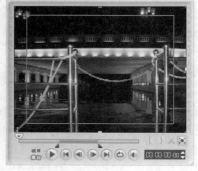

图 9.2-194

（28）在"属性"面板中单击"淡入动画效果"按钮 ，"淡出动画效果"按钮 ，再次单击"遮罩和色度键"按钮 ，打开覆叠选项面板，勾选"应用覆叠选项"复选框，在"类型"选项下拉列表中选择"遮罩帧"选项，在右侧的面板中选择需要的样式，如图 9.2-195 所示。此时在预览窗口中观看图像素材应用遮罩后的效果，如图 9.2-196 所示。

图 9.2-195

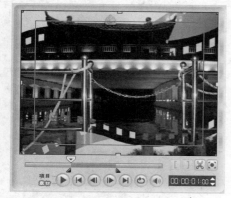

图 9.2-196

（29）在"编辑"面板中勾选"应用摇动和缩放"复选框，如图 9.2-197 所示。

图 9.2-197

（30）在素材库中选择"19.JPG"，按住鼠标将其拖曳至"覆叠轨"上，释放鼠标，效果如图 9.2-198 所示。在预览窗口中单击鼠标右键，在弹出的菜单中选择"调整到屏幕大小"命令，预览窗口中效果如图 9.2-199 所示。

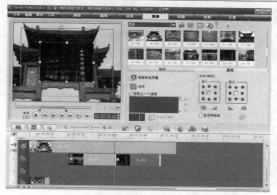

图 9.2-198

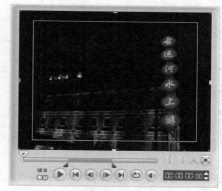

图 9.2-199

（31）在"属性"面板中单击"淡入动画效果"按钮 、"淡出动画效果"按钮 ，如图 9.2-200 所示。再次单击"遮罩和色度键"按钮 ，打开覆叠选项面板，勾选"应用覆叠选项"复选框，在"类型"选项下拉列表中选择"遮罩帧"选项，在右侧的面板中选择需要的样式，如图 9.2-201 所示。此时在预览窗口中观看图像素材应用遮罩后的效果，如图 9.2-202 所示。

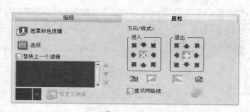

图 9.2-200

图 9.2-201

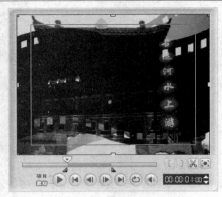

图 9.2-202

（32）在"编辑"面板中勾选"应用摇动和缩放"复选框，如图 9.2-203 所示。

图 9.2-203

（33）在素材库中选择"14.JPG"，按住鼠标左键将其拖曳至"视频轨"上，释放鼠标，效果如图 9.2-204 所示。

图 9.2-204

（34）在"图像"面板中勾选"摇动和缩放"单选项，单击"自定义" 按钮，弹出"摇动和缩放"对话框，拖曳图像窗口中的十字标记，改变聚焦的中心点，其他选项的设置如图 9.2-205 所示。单击"时间轴"选项右侧的棱形标记，移动到下一个关键帧，其他选项的设置如图 9.2-206 所示，单击"确定"按钮。在"图像"面板中将"区间"选项设为 10 秒，时间轴效果如图 9.2-207 所示。

图 9.2-205

图 9.2-206

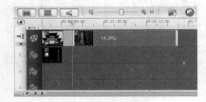

图 9.2-207

（35）单击素材库中的"画廊"按钮，在弹出的列表中选择"转场>遮罩"选项，在素材库中选择"遮罩 E"过渡效果并将其添加到"视频轨"上的"08.JPG"和"14.JPG"两个图像素材中间，如图 9.2-208 所示。释放鼠标，过渡效果应用到当前项目的素材之间，效果如图 9.2-209 所示。

图 9.2-208

图 9.2-209

（36）单击素材库中的"画廊"按钮**，在弹出的列表中选择"图像"选项，在素材库中选择"22.JPG"，按住鼠标左键将其拖曳至"覆叠轨"上，释放鼠标，效果如图 9.2-210 所示。在预览窗口中单击鼠标右键，在弹出的菜单中选择"调整到屏幕大小"命令，预览窗口中效果如图 9.2-211 所示。

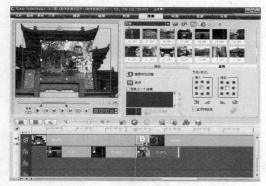

图 9.2-210

图 9.2-211

（37）在"属性"面板中单击"淡入动画效果"按钮、"淡出动画效果"按钮，再次单击"遮罩和色度键"按钮，打开覆叠选项面板，勾选"应用覆叠选项"复选框，在"类型"选项下拉列表中选择"遮罩帧"选项，在右侧的面板中选择需要的

样式，如图 9.2-212 所示。此时在预览窗口中观看图像素材应用遮罩后的效果，如图 9.2-213 所示。

图 9.2-212

图 9.2-213

（38）在"编辑"面板中勾选"应用摇动和缩放"复选框，如图 9.2-214 所示。

图 9.2-214

（39）在素材库中选择"28.JPG"，按住鼠标左键将其拖曳至"覆叠轨"上，释放鼠标，效果如图 9.2-215 所示。在预览窗口中单击鼠标，在弹出的列表中选择"调整到屏幕大小"命令，预览窗口中效果如图 9.2-216 所示。

图 9.2-215

图 9.2-216

（40）在"属性"面板中单击"淡入动画效果"按钮▥、"淡出动画效果"按钮▥，如图 9.2-217 所示。再次单击"遮罩和色度键"按钮▨，打开覆叠选项面板，勾选"应用覆叠选项"复选框，在"类型"选项下拉列表中选择"遮罩帧"选项，在右侧的面板中选择需要的样式，如图 9.2-218 所示。此时在预览窗口中观看图像素材应用遮罩后的效果，如图 9.2-219 所示。

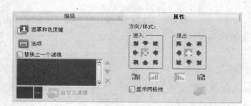

图 9.2-217

图 9.2-218

图 9.2-219

（41）在"编辑"面板中勾选"应用摇动和缩放"复选框，如图 9.2-220 所示。

图 9.2-220

（42）在素材库中选择"26.JPG"，按住鼠标将其拖曳至"覆叠轨"上，释放鼠标，效果如图 9.2-221 所示。在预览窗口中单击鼠标，在弹出的列表中选择"调整到屏幕大小"命令，预览窗口中效果如图 9.2-222 所示。

图 9.2-221

图 9.2-222

（43）在"属性"面板中单击"淡入动画效果"按钮▥、"淡出动画效果"按钮▥，如图 9.2-223 所示。再次单击"遮罩和色度键"按钮▨，打开覆叠选项面板，勾选"应用覆叠选项"复选框，在"类型"选项下拉列表中选择"遮罩帧"选项，在右侧的面板中选择需要的样式，如图 9.2-224 所示。此时在预览窗口中观看图像素材应用遮罩后的效果，如

图 9.2-225 所示。

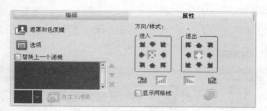

图 9.2-223

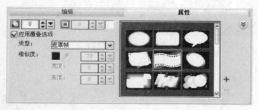

图 9.2-224

图 9.2-227

（45）单击素材库中的"画廊"按钮，在弹出的列表中选择"转场 > 三维"选项，在素材库中选择"飞行方块"过渡效果并将其添加到"视频轨"上的"14.JPG"和"27.JPG"两个图像素材中间，如图 9.2-228 所示。释放鼠标，过渡效果应用到当前项目的素材之间，效果如图 9.2-229 所示。

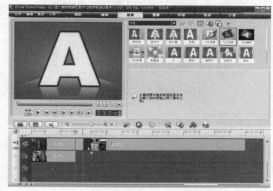

图 9.2-228

图 9.2-225

（44）在素材库中选择"27.JPG"，按住鼠标左键将其拖曳至"视频轨"上，释放鼠标，效果如图 9.2-226 所示。在"图像"面板中将"区间"选项设为 10 秒，时间轴效果如图 9.2-227 所示。

图 9.2-226

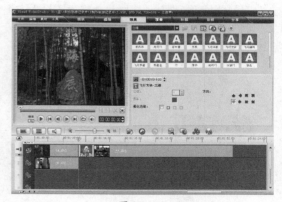

图 9.2-229

（46）单击素材库中的"画廊"按钮，在弹出的列表中选择"图像"选项，在素材库中选择"05.JPG"，按住鼠标左键将其拖曳至"覆叠轨"上，释放鼠标，效果如图 9.2-230 所示。在预览窗口中拖曳素材到适当的位置并调整大小，效果如图 9.2-231 所示。

图 9.2-230

图 9.2-231

（47）在"属性"面板中单击"淡出动画效果"
按钮 ▥▥，如图 9.2-232 所示。在"编辑"面板中勾
选"应用摇动和缩放"复选框，单击"预设"右侧
的三角形按钮 ▼，在弹出的面板中选择需要的预设
类型，如图 9.2-233 所示。

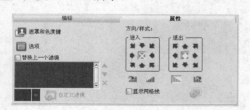

图 9.2-232

图 9.2-233

（48）在素材库中选择"16.JPG"，按住鼠标左
键将其拖曳至"覆叠轨"上，释放鼠标，效果如图
9.2-234 所示。在预览窗口中拖曳素材到适当的位
置并调整大小，效果如图 9.2-235 所示。

图 9.2-234

图 9.2-235

（49）在"属性"面板中单击"淡出动画效果"
按钮 ▥▥，如图 9.2-236 所示。在"编辑"面板中勾
选"应用摇动和缩放"复选框，单击"预设"右侧
的三角形按钮 ▼，在弹出的面板中选择需要的预设
类型，如图 9.2-237 所示。

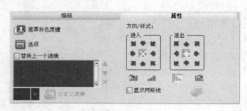

图 9.2-236

图 9.2-237

（50）在素材库中选择"25.JPG"，按住鼠标左键将其拖曳至"覆叠轨"上，释放鼠标，效果如图9.2-238 所示。在预览窗口中单击鼠标，在弹出的列表中选择"调整到屏幕大小"命令，预览窗口中效果如图 9.2-239 所示。

图 9.2-238

图 9.2-239

（51）单击"属性"面板中的"遮罩和色度键"按钮，打开覆叠选项面板，将"边框"选项设为1，"边框色彩"选项设为白色，如图 9.2-240 所示，预览窗口中效果如图 9.2-241 所示。

图 9.2-240

图 9.2-241

（52）在"编辑"面板中勾选"应用摇动和缩放"复选框，单击"预设"右侧的三角形按钮，在弹出的面板中选择需要的预设类型，如图 9.2-242 所示，预览窗口中效果如图 9.2-243 所示。

图 9.2-242

图 9.2-243

（53）在"编辑"面板中将"区间"选项设为5 秒，如图 9.2-244 所示，时间轴效果如图 9.2-245 所示。

图 9.2-244

图 9.2-245

（54）在素材库中选择"21.JPG"，按住鼠标左键将其拖曳至"覆叠轨"上，释放鼠标，效果如图9.2-246 所示。在预览窗口中拖曳素材到适当的位置并调整大小，效果如图 9.2-247 所示。

图 9.2-246

图 9.2-247

（55）单击"属性"面板中的"遮罩和色度键"按钮，打开覆叠选项面板，将"边框"选项设为1，"边框色彩"选项设为白色，如图 9.2-248 所示，预览窗口中效果如图 9.2-249 所示。

图 9.2-248

图 9.2-249

（56）在"编辑"面板中勾选"应用摇动和缩放"复选框，单击"预设"右侧的三角形按钮，在弹出的面板中选择需要的预设类型，如图 9.2-250 所示，预览窗口中效果如图 9.2-251 所示。在"编辑"面板中将"区间"选项设为 5 秒，时间轴效果如图9.2-252 所示。

图 9.2-250

图 9.2-251

图 9.2-252

（57）在素材库中选择"13.JPG"，按住鼠标左键将其拖曳至"覆叠轨"上，释放鼠标，效果如图 9.2-253 所示。在预览窗口中拖曳素材到适当的位置并调整大小，效果如图 9.2-254 所示。

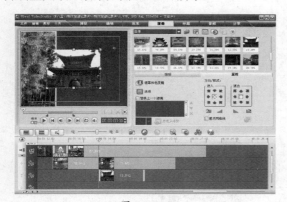

图 9.2-253

图 9.2-254

（58）单击"属性"面板中的"遮罩和色度键"按钮 ，打开覆叠选项面板，将"边框"选项设为 1，"边框色彩"选项设为白色，如图 9.2-255 所示，预览窗口中效果如图 9.2-256 所示。

图 9.2-255

图 9.2-256

（59）在"编辑"面板中勾选"应用摇动和缩放"复选框，单击"预设"右侧的三角形按钮 ，在弹出的面板中选择需要的预设类型，如图 9.2-257 所示。在"编辑"面板中将"区间"选项设为 5 秒，时间轴效果如图 9.2-258 所示。

图 9.2-257

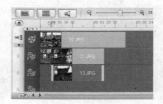

图 9.2-258

9.2.9　添加黑色底图

（1）单击素材库中的"画廊"按钮 ▼，在弹出的列表中选择"色彩"选项。在素材库中选择"(0, 0, 0)"，按住鼠标左键将其拖曳至"覆叠轨"上，释放鼠标，效果如图 9.2-259 所示。在预览窗口中拖曳素材到适当的位置并调整大小，效果如图 9.2-260 所示。

图 9.2-259

图 9.2-260

（2）单击素材库中的"画廊"按钮 ▼，在弹出的列表中选择"转场>三维"选项，在素材库中选择"飞行翻转"过渡效果并将其添加到"视频轨"上的"27.JPG"和"色彩块"两个素材中间，如图 9.2-261所示。释放鼠标，过渡效果应用到当前项目的素材之间，效果如图 9.2-262 所示。

图 9.2-261

图 9.2-262

9.2.10　添加文字

（1）拖曳时间轴标尺上的当前位置标记 ▽，拖曳到 2 秒 23 帧处，单击步骤选项卡中的"标题"按钮 标题 ，切换至标题面板。在预览窗口中双击鼠标，进入标题编辑状态。在"编辑"面板中单击"色彩"颜色块，在弹出的面板中选择需要的颜色，在"编辑"面板中其他属性的设置如图 9.2-263所示，在预览窗口中输入需要的文字，如图 9.2-264所示。

图 9.2-263

图 9.2-264

（2）在预览窗口中选取文字"陈子过"，在"编辑"面板中将字体大小设为 47，在预览窗口中取消文字的选取状态效果如图 9.2-265 所示。

图 9.2-265

（3）在"编辑"面板中单击"边框/阴影/透明度"按钮 T，弹出"边框/阴影/透明度"对话框，在"边框"选项卡中，将"线条色彩"选项设为白色，其他选项的设置如图 9.2-266 所示。单击"阴影"选项卡，弹出"阴影"对话框，将"阴影"颜色设为白色，其他选项的设置如图 9.2-267 所示，单击"确定"按钮，效果如图 9.2-268 所示。

图 9.2-266

图 9.2-267

图 9.2-268

（4）在"编辑"面板中单击"将方向更改为垂直"按钮 T，如图 9.2-269 所示，在预览窗口中文字垂直显示，拖曳文字到适当的位置，效果如图 9.2-270 所示。

图 9.2-269

图 9.2-270

（5）在"编辑"面板中将"区间"选项设为 6 秒，如图 9.2-271 所示，时间轴效果如图 9.2-272 所示。在"动画"面板中勾选"应用动画"复选框，单击"类型"选项右侧的下拉按钮，在弹出的下拉列表中选择"淡化"选项，在"淡化"动画库中选择需要的动画效果，如图 9.2-273 所示。

图 9.2-271

图 9.2-272

图 9.2-273

（6）单击步骤选项卡中的"标题"按钮 标题，切换至标题面板。在"标题"素材库中选择需要的标题样式拖曳到"标题轨"上，如图 9.2-274 所示，释放鼠标，效果如图 9.2-275 所示。

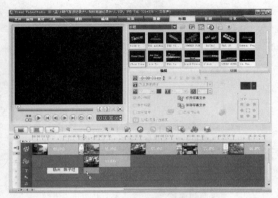

图 9.2-274

图 9.2-275

（7）在预览窗口中双击鼠标，进入标题编辑状态。选取英文"Show Time"，将其改为"淮海名都极望遥"并选取该文字，在"编辑"面板中单击"色彩"颜色块，在弹出的色板中选择需要的颜色，"编辑"面板中其他属性的设置如图 9.2-276 所示。预览窗口中文字效果如图 9.2-277 所示。

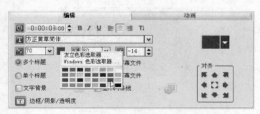

图 9.2-276

图 9.2-277

（8）在"编辑"面板中单击"边框/阴影/透明度"按钮 T，弹出"边框/阴影/透明度"对话框，在"边框"选项卡中，将"线条色彩"选项的颜色块设为白色，其他选项的设置如图 9.2-278 所示。单击"阴影"选项卡，弹出"阴影"对话框，将"阴影"颜色的颜色块设为白色，其他选项的设置如图 9.2-279 所示，单击"确定"按钮，效果如图 9.2-280 所示。

图 9.2-278

图 9.2-279

图 9.2-280

（9）在"编辑"面板中将"区间"选项设为 8 秒，时间轴效果如图 9.2-281 所示。

图 9.2-281

（10）拖曳时间轴标尺上的位置标记 ▽，拖曳到 19 秒处，如图 9.2-282 所示。在预览窗口中双击鼠标，进入标题编辑状态。在"编辑"面板中单击"色彩"颜色块，在弹出的面板中选择"友立色彩选取器"选项，在弹出的对话框中进行设置，如图 9.2-283 所示，单击"确定"按钮，"编辑"面板中其他属性的设置如图 9.2-284 所示。在预览窗口中输入需要的文字，效果如图 9.2-285 所示。

图 9.2-282

图 9.2-283

图 9.2-284

图 9.2-285

（11）单击"边框/阴影/透明度"按钮 T，弹出"边框/阴影/透明度"对话框，在"边框"选项卡中，将"线条色彩"选项的颜色块设为白色，其他选项的设置如图 9.2-286 所示。选择"阴影"选项卡，弹出"阴影"对话框，单击"光晕阴影"按钮 A，将"光晕阴影色彩"选项的颜色块设为白色，其他选项的设置如图 9.2-287 所示，单击"确定"按钮，预览窗口中效果如图 9.2-288 所示。

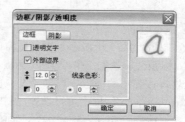

图 9.2-286

图 9.2-287

图 9.2-288

（12）在"动画"面板中勾选"应用动画"复选框，单击"类型"选项右侧的下拉按钮，在弹出的下拉列表中选择"淡化"选项，单击"自定义动画属性"按钮 ，在弹出的对话框中进行设置，如图9.2-289所示，单击"确定"按钮。在"编辑"面板中将"区间"选项设为8秒，时间轴效果如图9.2-290所示。

图 9.2-289

图 9.2-290

（13）拖曳时间轴标尺上的位置标记 ▽，拖曳到29秒处，如图9.2-291所示。在预览窗口中双击鼠标，进入标题编辑状态。在"编辑"面板单击"色彩"颜色块，在弹出的面板中选择"友立色彩选取器"选项，在弹出的对话框中进行设置，如图9.2-292所示，单击"确定"按钮，在"编辑"面板中其他属性的设置如图9.2-293所示。在预览窗口中输入需要的文字，效果如图9.2-294所示。

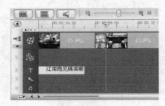

图 9.2-291

图 9.2-292

图 9.2-293

图 9.2-294

（14）单击"边框/阴影/透明度"按钮 T，弹出"边框/阴影/透明度"对话框，在"边框"选项卡中，将"线条色彩"选项的颜色块设为白色，其他选项的设置如图9.2-295所示。选择"阴影"选项卡，弹出"阴影"对话框，单击"光晕阴影"按钮 A，将"光晕阴影色彩"选项的颜色块设为白色，其他选项的设置如图9.2-296所示，单击"确定"按钮，预览窗口中效果如图9.2-297所示。

图 9.2-295

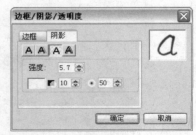

图 9.2-296

图 9.2-297

（15）在"动画"面板中勾选"应用动画"复选框，单击"类型"选项右侧的下拉按钮，在弹出的下拉列表中选择"翻转"选项，在"翻转"动画库中选择需要的动画效果应用到当前字幕，如图 9.2-298 所示。在"编辑"面板中将"区间"选项设为 8 秒，时间轴效果如图 9.2-299 所示。

图 9.2-298

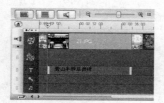

图 9.2-299

（16）拖曳时间轴标尺上的位置标记 ，拖曳到 38 秒处，如图 9.2-300 所示。在预览窗口中双击鼠标，进入标题编辑状态。在"编辑"面板中单击"色彩"颜色块，在弹出的调色板中选择需要的颜色，在"编辑"面板中其他属性的设置如图 9.2-301 所示。在预览窗口中输入需要的文字，效果如图 9.2-302 所示。

图 9.2-300

图 9.2-301

图 9.2-302

（17）单击"边框/阴影/透明度"按钮 ，弹出"边框/阴影/透明度"对话框，在"边框"选项卡中，将"线条色彩"选项的颜色块设为白色，其他选项的设置如图 9.2-303 所示。选择"阴影"选项卡，弹出"阴影"对话框，单击"光晕阴影"按钮 ，将"光晕阴影色彩"选项的颜色块设为白色，其他选项的设置如图 9.2-304 所示，单击"确定"按钮，预览窗口中效果如图 9.2-305 所示。

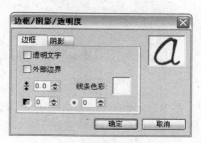

图 9.2-303

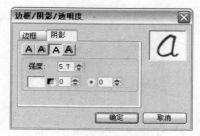

图 9.2-304

图 9.2-305

（18）在"动画"面板中勾选"应用动画"复选框，单击"类型"选项右侧的下拉按钮，在弹出的下拉列表中选择"淡化"选项，在"淡化"动画库中选择需要的动画效果应用到当前字幕，如图 9.2-306 所示。在"编辑"面板中将"区间"选项设为 8 秒，时间轴效果如图 9.2-307 所示。

图 9.2-306

图 9.2-307

（19）拖曳时间轴标尺上的当前位置标记 ▽，拖曳到 47 秒处，如图 9.2-308 所示。在预览窗口中双击鼠标，进入标题编辑状态。

图 9.2-308

（20）在"编辑"面板中单击"色彩"颜色块，在弹出的调色板中选择需要的颜色，在"编辑"面板中其他属性的设置如图 9.2-309 所示。在预览窗口

中输入需要的文字，效果如图 9.2-310 所示。

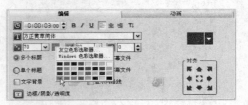

图 9.2-309

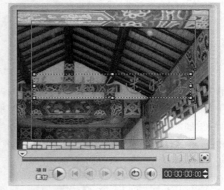

图 9.2-310

（21）单击"边框/阴影/透明度"按钮 T ，弹出"边框/阴影/透明度"对话框，在"边框"选项卡中，将"线条色彩"选项的颜色块设为白色，其他选项的设置如图 9.2-311 所示。选择"阴影"选项卡，单击"无阴影"按钮 A ，如图 9.2-312 所示，单击"确定"按钮，预览窗口中效果如图 9.2-313 所示。

图 9.2-311

图 9.2-312

图 9.2-313

（22）在"动画"面板中勾选"应用动画"复选框，单击"类型"选项右侧的下拉按钮，在弹出的下拉列表中选择"摇摆"选项，在"摇摆"动画库中选择需要的动画效果应用到当前字幕，如图 9.2-314 所示。在"编辑"面板中将"区间"选项设为 8 秒，时间轴效果如图 9.2-315 所示。

图 9.2-314

图 9.2-315

（23）拖曳时间轴标尺上的当前位置标记 ，拖曳到 56 秒处，如图 9.2-316 所示。在预览窗口中双击鼠标，进入标题编辑状态。

图 9.2-316

（24）在"编辑"面板中单击"色彩"颜色块，在弹出的面板中选择"友立色彩选取器"选项，在弹出的对话框中进行设置，如图 9.2-317 所示，单击

"确定"按钮，在"编辑"面板中其他属性的设置如图 9.2-318 所示。在预览窗口中输入需要的文字，效果如图 9.2-319 所示。

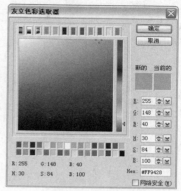

图 9.2-317

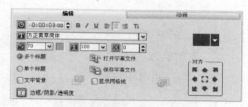

图 9.2-318

图 9.2-319

（25）单击"边框/阴影/透明度"按钮 ，弹出"边框/阴影/透明度"对话框，在"边框"选项卡中，将"线条色彩"选项的颜色块设为黑色，其他选项的设置如图 9.2-320 所示。选择"阴影"选项卡，单击"下垂阴影"按钮 ，将"下垂阴影色彩"选项的颜色块设为白色，其他选项的设置如图 9.2-321 所示，单击"确定"按钮，预览窗口中效果如图 9.2-322 所示。

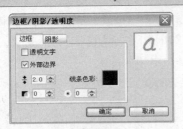

图 9.2-320

图 9.2-321

图 9.2-322

（26）在"动画"面板中勾选"应用动画"复选框，单击"类型"选项右侧的下拉按钮，在弹出的下拉列表中选择"移动路径"选项，在"移动路径"动画库中选择需要的动画效果应用到当前字幕，如图 9.2-323 所示。在"编辑"面板中将"区间"选项设为 8 秒，时间轴效果如图 9.2-324 所示。

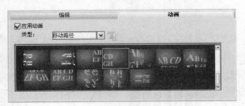

图 9.2-323

图 9.2-324

（27）拖曳时间轴标尺上的当前位置标记，拖曳到 1 分 5 秒处，如图 9.2-325 所示。在预览窗口中双击鼠标，进入标题编辑状态。

图 9.2-325

（28）在"编辑"面板中单击"色彩"颜色块，在弹出的调色板中选择需要的颜色，在"编辑"面板中其他属性的设置如图 9.2-326 所示。在预览窗口中输入需要的文字，效果如图 9.2-327 所示。

图 9.2-326

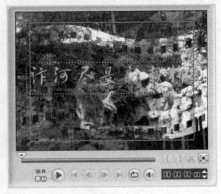

图 9.2-327

（29）单击"边框/阴影/透明度"按钮，弹出"边框/阴影/透明度"对话框，在"边框"选项卡中，将"线条色彩"选项的颜色块设为黑色，其他选项的设置如图 9.2-328 所示。选择"阴影"选项卡，单击"光晕阴影"按钮，将"光晕阴影色彩"选项的颜色块设为白色，其他选项的设置如图 9.2-329 所示，单击"确定"按钮，预览窗口中效果如图 9.2-330 所示。

图 9.2-328

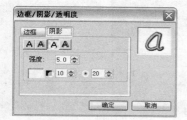

图 9.2-329

图 9.2-330

（30）在"动画"面板中勾选"应用动画"复选框，单击"类型"选项右侧的下拉按钮，在弹出的下拉列表中选择"移动路径"选项，在"移动路径"动画库中选择需要的动画效果应用到当前字幕，如图 9.2-331 所示。在"编辑"面板中将"区间"选项设为 8 秒，时间轴效果如图 9.2-332 所示。

图 9.2-331

图 9.2-332

（31）拖曳时间轴标尺上的当前位置标记▽，拖曳到 1 分 13 秒处，如图 9.2-333 所示。在预览窗口中双击鼠标，进入标题编辑状态。

图 9.2-333

（32）在"编辑"面板中单击"色彩"颜色块，在弹出的调色板中选择需要的颜色，在"编辑"面板中其他属性的设置如图 9.2-334 所示。在预览窗口中输入需要的文字，效果如图 9.2-335 所示。

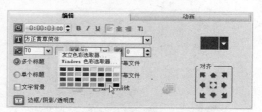

图 9.2-334

图 9.2-335

（33）单击"边框/阴影/透明度"按钮，弹出"边框/阴影/透明度"对话框，在"边框"选项卡中，单击"线条色彩"选项颜色块，在弹出的调色板中选择需要的颜色，其他选项的设置如图 9.2-336 所示。选择"阴影"选项卡，单击"下垂阴影"按钮，将"下垂阴影色彩"选项的颜色块设为白色，其他选项的设置如图 9.2-337 所示，单击"确定"按钮，预览窗口中效果如图 9.2-338 所示。

图 9.2-336

图 9.2-337

图 9.2-338

（34）在"动画"面板中勾选"应用动画"复选框，单击"类型"选项右侧的下拉按钮，在弹出的下拉列表中选择"摇摆"选项，在"摇摆"动画库中选择需要的动画效果应用到当前字幕，如图 9.2-339 所示。在"编辑"面板中将"区间"选项设为 8 秒，时间轴效果如图 9.2-340 所示。

图 9.2-339

图 9.2-340

（35）拖曳时间轴标尺上的当前位置标记，拖曳到 1 分 22 秒处。在"标题"素材库中选择需要的标题样式拖曳到"标题轨"上，如图 9.2-341 所示，释放鼠标，效果如图 9.2-342 所示。

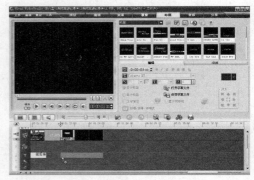

图 9.2-341

图 9.2-342

9.2.11　添加音乐

（1）单击素材库中的"画廊"按钮，在弹出的列表中选择"音频"选项，在素材库中选择"A12"声音拖曳到"声音轨"上，释放鼠标，效果如图 9.2-343 所示。用相同的方法再次在素材库中选择"A12"声音拖曳到"声音轨"上，释放鼠标，效果如图 9.2-344 所示。

图 9.2-343

图 9.2-344

（2）在"音乐和声音"面板中单击"淡出"按钮 ，将"区间"选项设为 24 秒 23 帧，如图 9.2-345 所示，单击 "时间轴"面板中的"音频视图"按钮 ，查看音频素材的淡入和淡出效果，如图 9.2-346 所示。

图 9.2-345

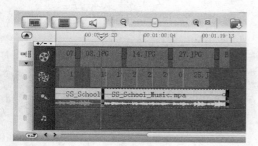

图 9.2-346

9.2.12　输出影片

（1）单击步骤选项卡中的"分享"按钮 分享 ，切换至分享面板，单击选项面板中的"创建视频文件"按钮 ，在弹出的列表中选择 "DVD/VCD/SVCD/MPEG>PAL MPEG1（720×576，25 fps）"选项，如图 9.2-347 所示，在弹出的"创建视频文件"对话框中选择文件的保存路径。

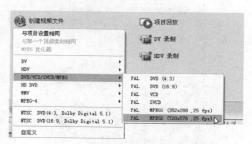

图 9.2-347

（2）单击"保存"按钮，输出视频文件，系统渲染完成后，自动添加到"视频"素材库中，效果如图 9.2-348 所示。

图 9.2-348

9.3　制作电子相册

知识要点：使用覆叠轨管理器按钮添加多个覆叠轨。使用摇动和缩放选项为图像素材添加摇动和缩放效果。使用调整到屏幕大小命令将图像素材调整到屏幕大小。使用淡入按钮和淡出按钮制作图像素材淡入淡出效果。

9.3.1　添加图像素材

（1）启动会声会影 11，在启动面板中选择"会声会影编辑器"选项，如图 9.3-1 所示，进入会声会影程序主界面。

图 9.3-1

（2）单击素材库中的"画廊"按钮 ，在弹出的列表中选择"图像"选项。单击"图像"素材库中的【加载图像】按钮 📁，在弹出的"打开图像文件"对话框中选择光盘目录下"Ch09/素材/制作电子相册/ 01.jpg、1.JPG、02.jpg、2.JPG、02.psd、3.JPG、03.psd、4.JPG、04.psd、5.JPG、05.psd、6.JPG、06.psd、7.JPG、8.JPG、9.JPG、10.JPG、11.JPG、12.JPG、13.JPG、14.JPG、15.JPG"文件，如图 9.3-2 所示，单击"打开"按钮，所有选中的图像素材被添加到素材库中，效果如图 9.3-3 所示。

图 9.3-2

图 9.3-3

（3）单击"时间轴"面板中的"时间轴视图"按钮 ▤，切换到时间轴视图。在素材库中选择"01.jpg"，按住鼠标左键将其拖曳至"视频轨"上，释放鼠标，效果如图 9.3-4 所示。在"图像"面板中将"区间"选项设为 5 秒，如图 9.3-5 所示，时间轴效果如图 9.3-6 所示。

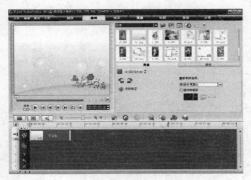

图 9.3-4

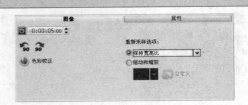

图 9.3-5

图 9.3-6

（4）单击"覆叠轨管理器"按钮 🎛，弹出"覆叠轨管理器"对话框，勾选"覆叠轨#2"复选框，如图 9.3-7 所示。单击"确定"按钮，在预设的"覆叠轨#1"下方添加新的覆叠轨，效果如图 9.3-8 所示。

图 9.3-7

图 9.3-8

9.3.2 添加 Flash 动画素材

（1）单击素材库中的"画廊"按钮 ▾，在弹出的列表中选择"Flash 动画"选项，如图 9.3-9 所示。在素材库中选择"MotionD04"，按住鼠标左键将其拖曳至"覆叠轨"上，如图 9.3-10 所示，释放鼠标，效果如图 9.3-11 所示。

图 9.3-9

图 9.3-10

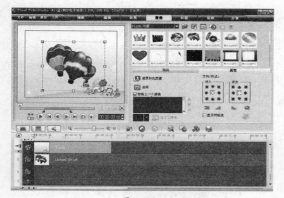

图 9.3-11

（2）在预览窗口中拖曳素材到适当的位置并调整大小，效果如图 9.3-12 所示。在"编辑"面板中将"区间"选项设为 5 秒，如图 9.3-13 所示，时间轴效果如图 9.3-14 所示。

图 9.3-12

图 9.3-13

图 9.3-14

9.3.3 添加标题

（1）单击步骤选项卡中的"标题"按钮 标题 ，切换至标题面板。在"标题"素材库中选择需要的标题样式拖曳到"标题轨"上，如图 9.3-15 所示，释放鼠标，效果如图 9.3-16 所示。

图 9.3-15

图 9.3-16

（2）在预览窗口中双击鼠标，进入标题编辑状态。选取文字"WAR OF THE"，将其改变为"俏皮女生"并选取该文字，在"编辑"面板中单击"色彩"颜色块，在弹出的面板中选择"友立色彩选取器"选项，在弹出的"友立色彩选取器"对话框中进行设置，如图 9.3-17 所示，单击"确定"按钮，在"编辑"面板中其他属性的设置如图 9.3-18 所示。在预览窗口中取消文字的选取状态，效果如图 9.3-19 所示。

图 9.3-17

图 9.3-18

图 9.3-19

（3）单击"边框/阴影/透明度"按钮 ⊤ ，弹出"边框/阴影/透明度"对话框，在"边框"选项卡中，弹出"边框"对话框，单击"线条色彩"选项颜色块，在弹出的面板中选择"友立色彩选取器"选项，在弹出的对话框中进行设置如图 9.3-20 所示，单击"确定"按钮，返回到"边框"对话框中进行设置，如图 9.3-21 所示。

图 9.3-20

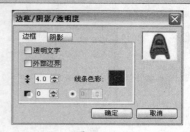

图 9.3-21

（4）选择"阴影"选项卡，弹出"阴影"对话框，单击"突起阴影"按钮 A ，弹出相应的对话框，单击"突起阴影颜色"选项色块，在弹出的面板中选择"友立色彩选取器"选项，在弹出的对话框中进行设置，如图 9.3-22 所示。单击"确定"按钮，返回到"阴影"对话框中进行设置，如图 9.3-23 所示，单击"确定"按钮，在预览窗口中拖曳文字到适当的位置，效果如图 9.3-24 所示。

图 9.3-22

图 9.3-23

图 9.3-24

（5）在"动画"面板中勾选"应用动画"复选

框，单击"类型"选项右侧的下拉按钮，在弹出的下拉列表中选择"淡化"选项，在"淡化"动画库中选择需要的动画效果应用到当前字幕，如图 9.3-25 所示。

图 9.3-25

（6）在预览窗口中双击鼠标，进入标题编辑状态。选取文字"WORLDSE"，将其改变为"成长的足迹"并选取该文字，在"编辑"面板中单击"色彩"颜色块，在弹出的面板中选择"友立色彩选取器"选项，在弹出的"友立色彩选取器"对话框中进行设置，如图 9.3-26 所示，单击"确定"按钮，在"编辑"面板中其他属性的设置如图 9.3-27 所示，在预览窗口中取消文字的选取状态，效果如图 9.3-28 所示。

图 9.3-26

图 9.3-27

图 9.3-28

（7）单击"边框/阴影/透明度"按钮，弹出"边框/阴影/透明度"对话框，在"边框"选项卡中，单击"线条色彩"选项颜色块，在弹出的面板中选择"友立色彩选取器"选项，在弹出的对话框中进行设置，如图 9.3-29 所示，单击"确定"按钮，返回到"边框"对话框中进行设置，如图 9.3-30 所示。

图 9.3-29

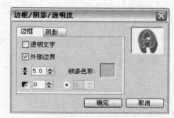

图 9.3-30

（8）选择"阴影"选项卡，弹出"阴影"对话框，单击"突起阴影"按钮，弹出相应的对话框，单击"突起阴影颜色"选项色块，在弹出的面板中选择"友立色彩选取器"选项，在弹出的对话框中进行设置，如图 9.3-31 所示。单击"确定"按钮，返回到"阴影"对话框中进行设置，如图 9.3-32 所示。单击"确定"按钮，在预览窗口中拖曳文字到适当的位置，效果如图 9.3-33 所示。

图 9.3-31

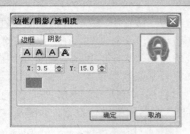

图 9.3-32

图 9.3-33

（9）在"动画"面板中勾选"应用动画"复选框，单击"类型"选项右侧的下拉按钮，在弹出的下拉列表中选择"飞行"选项，在"飞行"动画库中选择需要的动画效果应用到当前字幕，如图 9.3-34 所示。

图 9.3-34

（10）在"编辑"面板中将"区间"选项设为 5 秒，如图 9.3-35 所示，时间轴效果如图 9.3-36 所示。

图 9.3-35

图 9.3-36

9.3.4 为图像素材添加摇动和缩放效果

（1）单击素材库中的"画廊"按钮 ，在弹出的列表中选择"图像"。在素材库中选择"1.JPG"，按住鼠标左键将其拖曳至"视频轨"上，释放鼠标，效果如图 9.3-37 所示。

图 9.3-37

（2）在"图像"面板中勾选"摇动和缩放"单选项，单击"摇动和缩放"按钮 ，弹出"摇动和缩放"对话框，拖曳图像窗口中的十字标记 ，改变聚焦的中心点，其他选项的设置如图 9.3-38 所示。单击右侧的棱形标记，移动到下一个关键帧，在图像窗口中拖曳中间的十字标记 ，改变聚焦的中心点，其他选项的设置如图 9.3-39 所示，单击"确定"按钮。

图 9.3-38

图 9.3-39

（3）在"属性"面板中勾选"变形素材"复选框，如图 9.3-40 所示。在预览窗口中拖曳素材到适当的位置并调整大小，效果如图 9.3-41 所示。

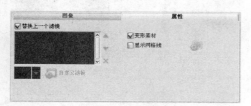

图 9.3-40

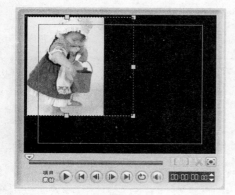

图 9.3-41

（4）在"图像"面板中将"区间"选项设为 4 秒，如图 9.3-42 所示，时间轴效果如图 9.3-43 所示。

图 9.3-42

图 9.3-43

（5）单击素材库中的"画廊"按钮，在弹出的列表中选择"图像"。在素材库中选择"11.JPG"，按住鼠标左键将其拖曳至"覆叠轨"上，释放鼠标，效果如图 9.3-44 所示。在预览窗口中拖曳素材到适当的位置并调整大小，效果如图 9.3-45 所示。

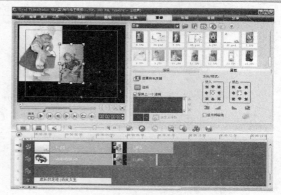

图 9.3-44

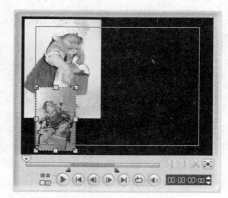

图 9.3-45

（6）在"编辑"面板中勾选"应用摇动和缩放"复选框，单击"自定义"按钮，弹出"摇动和缩放"对话框，拖曳图像窗口中的十字标记，改变聚焦的中心点，其他选项的设置如图 9.3-46 所示。单击"时间轴"选项右侧的棱形标记，移动到下一个关键帧，在图像窗口中拖曳中间的十字标记，改变聚焦的中心点，其他选项的设置如图 9.3-47 所示，单击"确定"按钮。

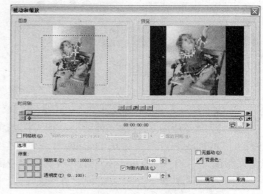

图 9.3-46

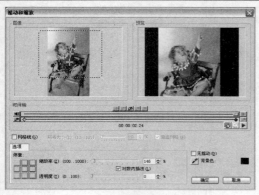

图 9.3-47

（7）在"编辑"面板中将"区间"选项设为 4 秒，时间轴效果如图 9.3-48 所示。

图 9.3-48

（8）在素材库中选择"7.JPG"，按住鼠标左键将其拖曳至"视频轨"上，释放鼠标，效果如图 9.3-49 所示。

图 9.3-49

（9）在"图像"面板中，将"区间"选项设为 4 秒，勾选"摇动和缩放"单选项，单击"自定义"按钮，弹出"摇动和缩放"对话框，拖曳图像窗口中的十字标记，改变聚焦的中心点，其他选项的设置如图 9.3-50 所示。单击"时间轴"选项右侧的棱形标记，移动到下一个关键帧，在图像窗口中拖曳中间的十字标记，改变聚焦的中心点，其他选项的设置如图 9.3-51 所示，单击"确定"按钮。

图 9.3-50

图 9.3-51

（10）在"属性"面板中勾选"变形素材"复选框，在预览窗口中拖曳素材到适当的位置并调整大小，效果如图 9.3-52 所示。在素材库中选择"13.JPG"，按住鼠标左键将其拖曳至"覆叠轨"上，释放鼠标，效果如图 9.3-53 所示。在预览窗口中拖曳素材到适当的位置并调整大小，效果如图 9.3-54 所示。

图 9.3-52

图 9.3-53

图 9.3-54

（11）在"编辑"面板中勾选"应用摇动和缩放"复选框，单击"自定义"按钮，弹出"摇动和缩放"对话框，拖曳图像窗口中的十字标记，改变聚焦的中心点，其他选项的设置如图 9.3-55 所示。单击"时间轴"选项右侧的棱形标记，移动到下一个关键帧，在图像窗口中拖曳中间的十字标记，改变聚焦的中心点，其他选项的设置如图 9.3-56 所示，单击"确定"按钮。

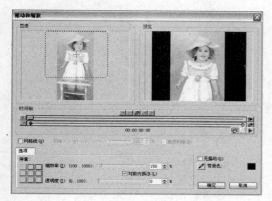

图 9.3-55

图 9.3-56

（12）在"编辑"面板中将"区间"选项设为 4 秒，时间轴效果如图 9.3-57 所示。

图 9.3-57

（13）拖曳时间轴标尺上的位置标记，拖曳到 5 秒处，如图 9.3-58 所示。在素材库中选择"02.psd"，按住鼠标左键将其拖曳至"覆叠轨"上，释放鼠标，效果如图 9.3-59 所示。

图 9.3-58

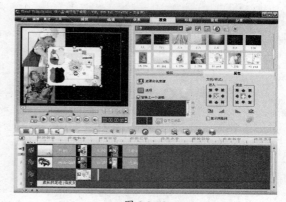

图 9.3-59

（14）在预览窗口中的覆叠素材上单击鼠标右

键,在弹出的列表中选择"调整到屏幕大小"命令,效果如图 9.3-60 所示。在"编辑"面板中将"区间"选项设为 8 秒,时间轴效果如图 9.3-61 所示。

图 9.3-60

图 9.3-61

9.3.5 制作文字动画效果

(1) 单击步骤选项卡中的"标题"按钮 标题,切换至标题面板。在"标题"素材库中选择需要的标题样式拖曳到"标题轨"上,如图 9.3-62 所示,释放鼠标,效果如图 9.3-63 所示。

图 9.3-62

图 9.3-63

(2) 在预览窗口中双击鼠标,进入标题编辑状态。选取文字"Show Time",将其更改为"我 SHI 幸福的"并选取该文字,在"编辑"面板中勾选"多个标题"单选项,设置标题字体、字体大小、字体行距,单击"色彩"颜色块,在弹出的面板中选择"友立色彩选取器"选项,在弹出的"友立色彩选取器"对话框中进行设置,如图 9.3-64 所示。单击"确定"按钮,在"编辑"面板中其他属性的设置如图 9.3-65 所示,在预览窗口中取消文字的选取状态,效果如图 9.3-66 所示。

图 9.3-64

图 9.3-65

图 9.3-66

(3) 在预览窗口中选取文字"我 shi",在"编辑"面板中设置标题字体大小,如图 9.3-67 所示,取消文字的选取状态,在预览窗口中文字效果如图 9.3-68 所示。在预览窗口中选取文字"的",在"编辑"面板中将标题字体大小设为 45,预览窗口中文字效果如图 9.3-69 所示。

图 9.3-67

图 9.3-68

图 9.3-69

图 9.3-70

图 9.3-71

图 9.3-72

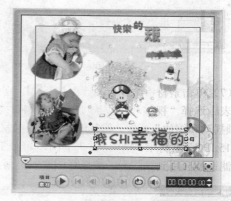

图 9.3-73

　　（4）单击"边框/阴影/透明度"按钮 ，弹出
"边框/阴影/透明度"对话框，在"边框"选项卡中，
弹出"边框"对话框，将"线条色彩"选项设为白
色，其他选项的设置如图 9.3-70 所示。单击"阴影"
选项卡，弹出"阴影"对话框，单击"突起阴影"
按钮 ，弹出相应的对话框，单击"突起阴影颜色"
选项色块，在弹出的面板中选择"友立色彩选取器"
选项，在弹出的对话框中进行设置，如图 9.3-71 所
示。单击"确定"按钮，返回到"阴影"对话框中
进行设置，如图 9.3-72 所示。单击"确定"按钮，
在预览窗口中拖曳文字到适当的位置，效果如图
9.3-73 所示。

　　（5）在"编辑"面板中将"区间"选项设为 8
秒，时间轴效果如图 9.3-74 所示。在"动画"面板
中勾选"应用动画"复选框，单击"类型"选项右
侧的下拉按钮，在弹出的下拉列表中选择"弹出"
选项，在列表中选择预设的标题动画，如图 9.3-75
所示。

图 9.3-74

图 9.3-75

（6）单击素材库中的"画廊"按钮，在弹出的列表中选择"图像"选项。在素材库中选择"15.JPG"，按住鼠标左键将其拖曳至"视频轨"上，释放鼠标，效果如图 9.3-76 所示。

图 9.3-76

（7）单击素材库中的"画廊"按钮，在弹出的列表中选择"视频滤镜"选项，在素材库中选择"视频摇动和缩放"滤镜，将其添加到"视频轨"上的 "15.JPG" 素材上，如图 9.3-77 所示，释放鼠标，视频滤镜被应用到素材上，效果如图 9.3-78 所示。

图 9.3-77

图 9.3-78

（8）在"图像"面板中单击"自定义滤镜"按钮，弹出"视频摇动和缩放"对话框，拖曳图像窗口中的十字标记，改变聚焦的中心点，其他选项的设置如图 9.3-79 所示。单击右侧的棱形标记，移动到下一个关键帧，在图像窗口中拖曳中间的十字标记，改变聚焦的中心点，其他选项的设置如图 9.3-80 所示，单击"确定"按钮。

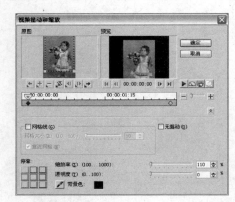

图 9.3-79

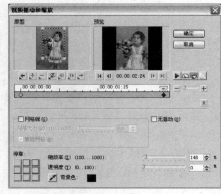

图 9.3-80

（9）在"属性"面板中勾选"变形素材"复选框，如图 9.3-81 所示。在预览窗口中拖曳素材到适当的位置并调整大小，效果如图 9.3-82 所示。在"编辑"面板中将"区间"选项设为 5 秒，时间轴效果如图 9.3-83 所示。

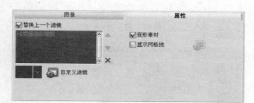

图 9.3-81

图 9.3-82

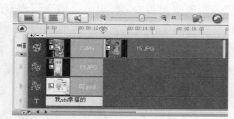

图 9.3-83

（10）单击素材库中的"画廊"按钮，在弹出的列表中选择"图像"选项，在素材库中选择"14.JPG"，按住鼠标左键将其拖曳至"覆叠轨"上，释放鼠标，效果如图 9.3-84 所示。

图 9.3-84

（11）单击素材库中的"画廊"按钮，在弹

出的列表中选择"视频滤镜"选项，在素材库中选择"视频摇动和缩放"滤镜并将其添加到"覆叠轨"上的"14.JPG"素材上，如图 9.3-85 所示，释放鼠标，视频滤镜被应用到素材上，效果如图 9.3-86 所示。

图 9.3-85

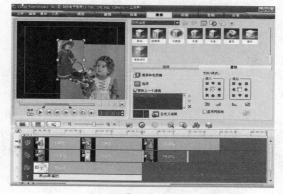

图 9.3-86

（12）在"属性"面板中勾选"变形素材"复选框。在预览窗口中拖曳素材到适当的位置并调整大小，效果如图 9.3-87 所示。在"编辑"面板中将"区间"选项设为 5 秒，时间轴效果如图 9.3-88 所示。

图 9.3-87

图 9.3-88

（13）单击素材库中的"画廊"按钮■，在弹出的列表中选择"图像"选项，在素材库中选择"03.psd"，按住鼠标左键将其拖曳至"覆叠轨"上，释放鼠标，效果如图 9.3-89 所示。

图 9.3-89

（14）在预览窗口中的素材上单击鼠标右键，在弹出的菜单中选择"调整到屏幕大小"命令，在预览窗口效果如图 9.3-90 所示。在"编辑"面板中将"区间"选项设为 5 秒，时间轴效果如图 9.3-91 所示。

图 9.3-90

图 9.3-91

（15）单击素材库中的"画廊"按钮■，在弹出的列表中选择"图像"选项。在素材库中选择"4.JPG"，按住鼠标左键将其拖曳至"视频轨"上，释放鼠标，效果如图 9.3-92 所示。

图 9.3-92

（16）在"图像"面板中，勾选"摇动和缩放"单选项，单击"自定义"按钮■，弹出"摇动和缩放"对话框，拖曳图像窗口中的十字标记┼，改变聚焦的中心点，其他选项的设置如图 9.3-83 所示。单击右侧的棱形标记，移动到下一个关键帧，在图像窗口中拖曳中间的十字标记┼，改变聚焦的中心点，其他选项的设置如图 9.3-94 所示，单击"确定"按钮。

图 9.3-93

图 9.3-94

（17）在"图像"面板中将"区间"选项设为 5 秒 15 帧，时间轴效果如图 9.3-95 所示。在"属性"面板中勾选"变形素材"复选框。在预览窗口中拖曳素材到适当的位置并调整大小，效果如图 9.3-96 所示。

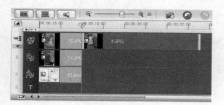

图 9.3-95

图 9.3-96

（18）单击素材库中的"画廊"按钮，在弹出的列表中选择"图像"选项。在素材库中选择"5.JPG"，按住鼠标左键将其拖曳至"视频轨"上，释放鼠标，效果如图 9.3-97 所示。

图 9.3-97

（19）在"图像"面板中，勾选"摇动和缩放"单选项，单击"自定义"按钮，弹出"摇动和缩放"对话框，拖曳图像窗口中的十字标记，改变聚焦的中心点，其他选项的设置如图 9.3-98 所示。单击右侧的棱形标记，移动到下一个关键帧，在图

像窗口中拖曳中间的十字标记，改变聚焦的中心点，其他选项的设置如图 9.3-99 所示，单击"确定"按钮。

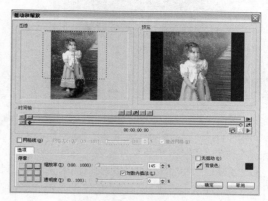

图 9.3-98

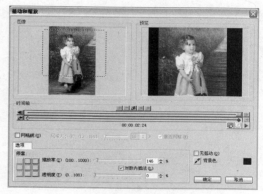

图 9.3-99

（20）在"属性"面板中勾选"变形素材"复选框。在预览窗口中拖曳素材到适当的位置并调整大小，效果如图 9.3-100 所示。在"图像"面板中将"区间"选项设为 5 秒 15 帧，时间轴效果如图 9.3-101 所示。

图 9.3-100

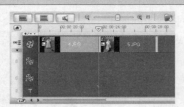

图 9.3-101

9.3.6 添加图像素材遮罩过渡效果

（1）单击素材库中的"画廊"按钮 ▼，在弹出的列表中选择"转场>遮罩"，在"遮罩"素材库中选择"遮罩 C4"过渡效果并将其添加到"视频轨"上的"4.JPG"和"5.JPG"两个图像素材中间，如图 9.3-102 所示，释放鼠标，过渡效果应用到当前项目的素材之间，效果如图 9.3-103 所示。

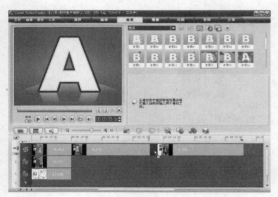

图 9.3-102

图 9.3-103

（2）单击素材库中的"画廊"按钮 ▼，在弹出的列表中选择"图像"选项。在素材库中选择"05.psd"，按住鼠标左键将其拖曳至"覆叠轨"上，释放鼠标，效果如图 9.3-104 所示。在预览窗口中的素材上单击鼠标右键，在弹出的菜单中选择"调整到屏幕大小"命令，预览窗口效果如图 9.3-105 所示。

图 9.3-104

图 9.3-105

（3）在"编辑"面板中将"区间"选项设为 10 秒 5 帧，时间轴效果如图 9.3-106 所示。在素材库中选择"10.JPG"，按住鼠标左键将其拖曳至"视频轨"上，释放鼠标，效果如图 9.3-107 所示。

图 9.3-106

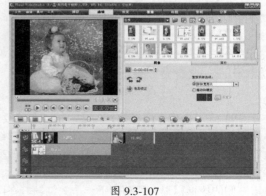

图 9.3-107

（4）在"图像"面板中，勾选"摇动和缩放"单选项，单击"自定义"按钮，弹出"摇动和缩放"对话框，拖曳图像窗口中的十字标记，改变聚焦的中心点，其他选项的设置如图9.3-108所示。单击"时间轴"右侧的棱形标记，移动到下一个关键帧，在图像窗口中拖曳中间的十字标记，改变聚焦的中心点，其他选项的设置如图9.3-109所示，单击"确定"按钮。

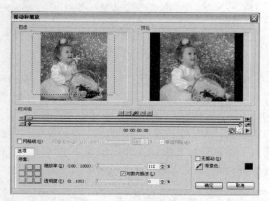

图 9.3-108

图 9.3-109

（5）在"图像"面板中将"区间"选项设为 5 秒 15 帧，时间轴效果如图 9.3-110 所示。

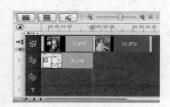

图 9.3-110

（6）单击素材库中的"画廊"按钮，在弹出的列表中选择"图像"选项，在素材库中选择"2.JPG"，按住鼠标左键将其拖曳至"视频轨"上，释放鼠标，效果如图 9.3-111 所示。

图 9.3-111

9.3.7 调整图像素材显示大小

（1）在"图像"面板中，勾选"摇动和缩放"单选项，单击"自定义"按钮，弹出"摇动和缩放"对话框，拖曳图像窗口中的十字标记，改变聚焦的中心点，其他选项的设置如图 9.3-112 所示，单击"时间轴"右侧的棱形标记，移动到下一个关键帧，在图像窗口中拖曳中间的十字标记，改变聚焦的中心点，其他选项的设置如图 9.3-113 所示，单击"确定"按钮。

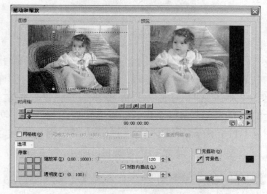

图 9.3-112

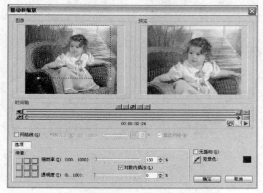

图 9.3-113

（2）在"属性"面板中勾选"变形素材"复选框。在预览窗口中拖曳素材到适当的位置并调整大小，效果如图 9.3-114 所示。在"图像"面板中将"区间"选项设为 6 秒，时间轴效果如图 9.3-115 所示。

图 9.3-114

图 9.3-115

（3）单击素材库中的"画廊"按钮 ，在弹出的列表中选择"转场>遮罩"，在"遮罩"素材库中选择"遮罩 A4"过渡效果并将其添加到"视频轨"上的"10.JPG"和"2.JPG"两个图像素材中间，如图 9.3-116 所示，释放鼠标，过渡效果应用到当前项目的素材之间，效果如图 9.3-117 所示。

图 9.3-116

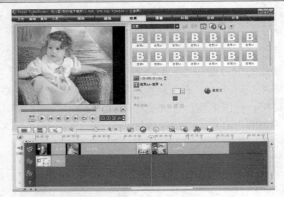

图 9.3-117

（4）单击素材库中的"画廊"按钮 ，在弹出的列表中选择"图像"选项，在素材库中选择"04.psd"，按住鼠标左键将其拖曳至"覆叠轨"上，释放鼠标，效果如图 9.3-118 所示。在预览窗口中的素材上单击鼠标右键，在弹出的菜单中选择"调整到屏幕大小"命令，预览窗口效果如图 9.3-119 所示。

图 9.3-118

图 9.3-119

（5）在"编辑"面板中将"区间"选项设为 9 秒 15 帧，时间轴效果如图 9.3-120 所示。

图 9.3-120

（6）在素材库中选择"8.JPG"，按住鼠标将其拖曳至"视频轨"上，释放鼠标，效果如图 9.3-121 所示。

图 9.3-121

（7）在"图像"面板中勾选"摇动和缩放"单选项，单击"自定义"按钮，弹出"摇动和缩放"对话框，拖曳图像窗口中的十字标记，改变聚焦的中心点，其他选项的设置如图 9.3-122 所示。单击"时间轴"右侧的棱形标记，移动到下一个关键帧，在图像窗口中拖曳中间的十字标记，改变聚焦的中心点，其他选项的设置如图 9.3-123 所示，单击"确定"按钮。

图 9.3-122

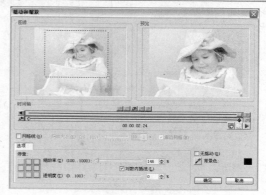

图 9.3-123

（8）在"图像"面板中将"区间"选项设为 5 秒 15 帧，时间轴效果如图 9.3-124 所示。

图 9.3-124

（9）单击素材库中的"画廊"按钮，在弹出的列表中选择"转场>遮罩"，在"遮罩"素材库中选择"遮罩 C2"过渡效果并将其添加到"视频轨"上的"2.JPG"和"8.JPG"两个图像素材中间，如图 9.3-125 所示。释放鼠标。过渡效果应用到当前项目的素材之间，效果如图 9.3-126 所示。

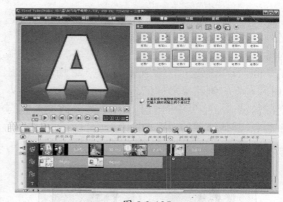

图 9.3-125

图 9.3-126

（10）单击素材库中的"画廊"按钮，在弹出的列表中选择"图像"选项，在素材库中选择"9.JPG"，按住鼠标左键将其拖曳至"视频轨"上，释放鼠标。在预览窗口中的素材上单击鼠标右键，在弹出的菜单中选择"调整到屏幕大小"命令，预览窗口效果如图 9.3-127 所示。

图 9.3-127

（11）在"图像"面板中勾选"摇动和缩放"单选项，单击"自定义"按钮，弹出"摇动和缩放"对话框，拖曳图像窗口中的十字标记，改变聚焦的中心点，其他选项的设置如图 9.3-128 所示。单击"时间轴"右侧的棱形标记，移动到下一个关键帧，在图像窗口中拖曳中间的十字标记，改变聚焦的中心点，其他选项的设置如图 9.3-129 所示，单击"确定"按钮。

图 9.3-128

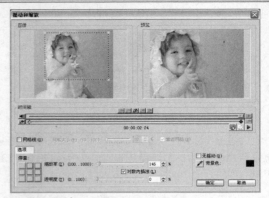

图 9.3-129

（12）在"图像"面板中将"区间"选项设为 5 秒，时间轴效果如图 9.3-130 所示。

图 9.3-130

9.3.8 添加图像素材遮罩过滤效果

（1）单击素材库中的"画廊"按钮，在弹出的列表中选择"转场>过滤"，在"过滤"素材库中选择"交叉淡化"过渡效果并将其添加到"视频轨"上的"8.JPG"和"9.JPG"两个图像素材中间，如图 9.3-131 所示。释放鼠标，过渡效果应用到当前项目的素材之间，效果如图 9.3-132 所示。

图 9.3-131

图 9.3-132

（2）单击素材库中的"画廊"按钮，在弹出的列表中选择"图像"选项。在素材库中选择"3.JPG"，按住鼠标左键将其拖曳至"视频轨"上，释放鼠标，效果如图 9.3-133 所示。

图 9.3-133

（3）在"图像"面板中勾选"摇动和缩放"单选项，单击"自定义"按钮，弹出"摇动和缩放"对话框，拖曳图像窗口中的十字标记，改变聚焦的中心点，其他选项的设置如图 9.3-134 所示。单击"时间轴"右侧的棱形标记，移动到下一个关键帧，在图像窗口中拖曳中间的十字标记，改变聚焦的中心点，其他选项的设置如图 9.3-135 所示，单击"确定"按钮。

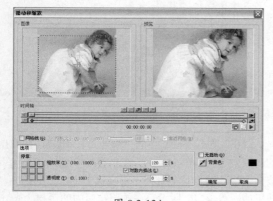

图 9.3-134

图 9.3-135

（4）在"图像"面板中将"区间"选项设为 4 秒，时间轴效果如图 9.3-136 所示。

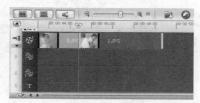

图 9.3-136

（5）单击素材库中的"画廊"按钮，在弹出的列表中选择"转场>遮罩"，在"遮罩"素材库中选择"遮罩 F4"过渡效果并将其添加到"视频轨"上的"9.JPG"和"3.JPG"两个图像素材中间，如图 9.3-137 所示。释放鼠标，过渡效果应用到当前项目的素材之间，效果如图 9.3-138 所示。

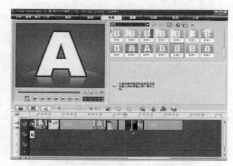

图 9.3-137

图 9.3-138

（6）单击素材库中的"画廊"按钮 ，在弹出的列表中选择"图像"选项，在素材库中选择"06.psd"，按住鼠标左键将其拖曳至"覆叠轨"上，释放鼠标，效果如图 9.3-139 所示。在预览窗口中的素材上单击鼠标右键，在弹出的菜单中选择"调整到屏幕大小"命令，预览窗口效果如图 9.3-140 所示。

图 9.3-142

图 9.3-139

图 9.3-143

图 9.3-140

（7）在"编辑"面板中将"区间"选项设为 12 秒 15 帧，时间轴效果如图 9.3-141 所示。

图 9.3-144

（9）在"编辑"面板中将"区间"选项设为 8 秒，时间轴效果如图 9.3-145 所示。

图 9.3-141

（8）拖曳时间轴标尺上的位置标记 ，拖曳到 42 秒 10 帧处，如图 9.3-142 所示。单击素材库中的"画廊"按钮 ，在弹出的列表中选择"Flash 动画"选项。在素材库中选择"MoeionD11"，按住鼠标左键将其拖曳至"覆叠轨"上，如图 9.3-143 所示，释放鼠标，效果如图 9.3-144 所示。

图 9.3-145

（10）单击素材库中的"画廊"按钮 ，在弹出的列表中选择"图像"选项。在素材库中选择"01.jpg"，按住鼠标左键将其拖曳至"覆叠轨"上，释放鼠标，效果如图 9.3-146 所示。在预览窗口中的素材上单击鼠标右键，在弹出的菜单中选择"调整到屏幕大小"命令，预览窗口效果如图 9.3-147 所示。

图 9.3-146

图 9.3-147

9.3.9 制作图像素材淡入淡出效果

（1）在"属性"面板中单击"淡入动画效果"按钮 ，，，和"淡出动画效果"按钮 ，，，，如图 9.3-148 所示。在"编辑"面板中将"区间"选项设为 4 秒，时间轴效果如图 9.3-149 所示。

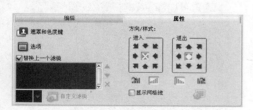

图 9.3-148

图 9.3-149

（2）在"编辑"面板中勾选"摇动和缩放"单选项，单击"自定义"按钮 ，弹出"摇动和缩放"对话框，拖曳图像窗口中的十字标记 ，改变聚焦的中心点，其他选项的设置如图 9.3-150 所示。单击"时间轴"右侧的棱形标记，移动到下一个关键帧，在图像窗口中拖曳中间的十字标记 ，改变聚焦的中心点，其他选项的设置如图 9.3-151 所示，单击"确定"按钮。

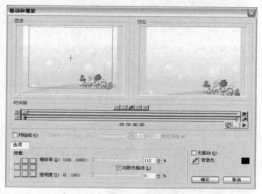

图 9.3-150

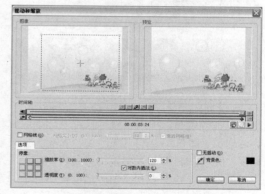

图 9.3-151

（3）拖曳时间轴标尺上的位置标记 ，拖曳到 50 秒 10 帧处，如图 9.3-152 所示。

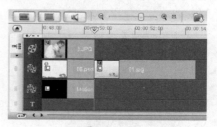

图 9.3-152

9.3.10 添加文字背景渐变效果

（1）单击步骤选项卡中的"标题"按钮 标题 ，

切换至标题面板。在"标题"素材库中选择需要的标题样式拖曳到"标题轨"上，如图 9.3-153 所示，释放鼠标，效果如图 9.3-154 所示。

图 9.3-153

图 9.3-154

（2）在预览窗口中双击鼠标，进入标题编辑状态。选取英文"Fun"，将其更改为"童年"并选取该文字，在"编辑"面板中单击"色彩"颜色块，在弹出的面板中选择"友立色彩选取器"选项，在弹出的"友立色彩选取器"对话框中进行设置，如图 9.3-155 所示，单击"确定"按钮，在"编辑"面板中其他属性的设置如图 9.3-156 所示。在预览窗口中拖曳文字到适当的位置，效果如图 9.3-157 所示。

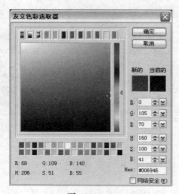

图 9.3-155

图 9.3-156

图 9.3-157

（3）在预览窗口中选取英文"Celebration"，将其更改为"美好的回忆"并选取该文字，在"编辑"面板中勾选"多个标题"单选项，设置字体颜色为白色，并设置标题字体、字体大小、字体行距等属性，如图 9.3-158 所示，在预览窗口中取消文字的选取状态，效果如图 9.3-159 所示。

图 9.3-158

图 9.3-159

（4）在"属性"栏中单击"自定义文字背景的属性"按钮，弹出"文字背景"对话框，设置渐变从白色到蓝色（其 R、G、B 的值分别为 16、190、234），将"透明度"选项设为 10，如图 9.3-160 所示，单击"确定"按钮，文字的背景效果如图 9.3-161 所示。

图 9.3-160

图 9.3-161

（5）在预览窗口中选择文字"童年"将其拖曳到适当的位置，效果如图 9.3-162 所示。在"编辑"面板中将"区间"选项设为 4 秒，时间轴效果如图 9.3-163 所示。

图 9.3-162

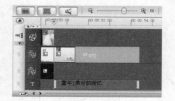

图 9.3-163

（6）拖曳时间轴标尺上的位置标记 ▽，拖曳到 1 秒 9 帧处，如图 9.3-164 所示。单击素材库中的"画廊"按钮 ▼，在弹出的列表中选择"音频"选项。单击"音频"素材库中的"加载音频"按钮 📂，在弹出的"打开音频文件"对话框中选择光盘目录下"Ch09/素材/制作电子相册/ movi.wav"文件，单击"打开"按钮，所选中的声音素材被添加到素材库中，效果如图 9.3-165 所示。

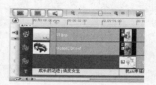

图 9.3-164

图 9.3-165

（7）在素材库中选择"movi.wav"，按住鼠标左键将其拖曳至"音乐轨"上，释放鼠标，效果如图 9.3-166 所示。在"音乐和声音"面板中将"区间"选项设为 50 秒，并单击"淡入"按钮 ▂▃▅、"淡出"按钮 ▅▃▂，如图 9.3-167 所示。单击"时间轴"面板上方的"音频视图"按钮 🔊，查看音频素材的淡入和淡出效果，如图 9.3-168 所示。

图 9.3-166

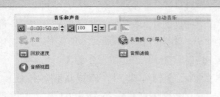

图 9.3-167

图 9.3-168

9.3.11　输出影片

（1）单击步骤选项卡中的"分享"按钮 分享，切换至分享面板，单击选项面板中的"创建视频文件"按钮 ，在弹出的列表中选择"DVD/VCD/SVCD/MPEG>PAL MPEG1（720×576，25 fps）"选项，如图 9.3-169 所示，在弹出的"创建视频文件"对话框中选择文件的保存路径。

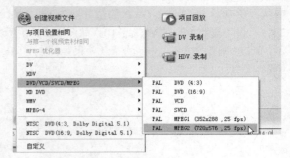

图 9.3-169

（2）单击"保存"按钮，输出视频文件，系统渲染完成后，自动添加到"视频"素材库中，效果如图 9.3-170 所示。

图 9.3-170

9.4　制作婚庆纪念

知识要点：使用覆叠轨管理器按钮添加多个覆叠轨效果。使用转场遮罩效果为素材添加过渡效果。使用边框/阴影/透明度按钮添加文字白色阴影效果。

9.4.1　添加图像素材

（1）启动会声会影 11，在启动面板中选择"会声会影编辑器"选项，如图 9.4-1 所示，进入会声会影程序主界面。

（2）单击素材库中的"画廊"按钮 ，在弹出的列表中选择"图像"选项。单击"图像"素材库中的"加载图像"按钮 ，在弹出的"打开图像文件"对话框中选择光盘目录下"Ch09/素材/制作婚庆纪念/场景-1.jpg ~场景-5.jpg、静物-1.jpg ~静物-3.jpg、人物-1.jpg ~人物-5.jpg、图片-1.jpg~图片-5.jpg、仪式-1.jpg~仪式-4.jpg"文件，如图 9.4-2 所示，单击"打开"按钮，所有选中的图像素材被添加到素材库中，效果如图 9.4-3 所示。

图 9.4-1

图 9.4-2

图 9.4-3

（3）单击"时间轴"面板中的"时间轴视图"按钮 ，切换到时间轴视图。在素材库中选择"图片-1.jpg"，按住鼠标左键将其拖曳至"视频轨"上，释放鼠标，效果如图 9.4-4 所示。在"图像"面板中单击"重新采样选项"右侧的下拉按钮，在弹出的列表中选择"调整到项目大小"选项，预览窗口中效果如图 9.4-5 所示。

图 9.4-4

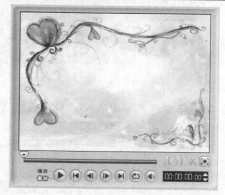

图 9.4-5

（4）在"图像"面板中将"区间"选项设为 7 秒，如图 9.4-6 所示，时间轴效果如图 9.4-7 所示。

图 9.4-6

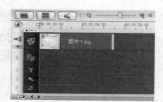

图 9.4-7

9.4.2　添加覆叠轨和文字

（1）单击"覆叠轨管理器"按钮 ，弹出"覆叠轨管理器"对话框，勾选"覆叠轨#2"、"覆叠轨#3"、"覆叠轨#4"复选框，如图 9.4-8 所示，单击"确定"按钮，在预设的"覆叠轨#1"下方添加新的覆叠轨，效果如图 9.4-9 所示。

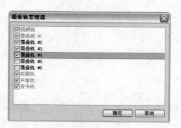

图 9.4-8

图 9.4-9

（2）单击步骤选项卡中的"标题"按钮 标题 ，切换至标题面板。在"标题"素材库中选择需要的标题样式拖曳到"标题轨"上，如图 9.4-10 所示，释放鼠标，效果如图 9.4-11 所示。

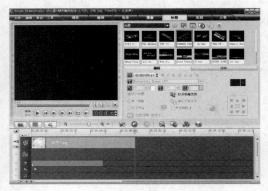

图 9.4-10

图 9.4-11

（3）在预览窗口中双击鼠标，进入标题编辑状态。选取英文"SUMMER FUN"，将其更改为"我的珍藏美好的回忆"并选取该文字，在"编辑"面板中将"色彩"颜色块选项设为白色，其他属性的设置如图 9.4-12 所示。在预览窗口取消文字的选取状态，效果如图 9.4-13 所示。

图 9.4-12

图 9.4-13

（4）在预览窗口选取文字"美好的回忆"，在"编辑"面板中设置字体大小为 62，在预览窗口取消文字的选取状态，效果如图 9.4-14 所示。

图 9.4-14

（5）单击"边框/阴影/透明度"按钮 [T] ，弹出"边框/阴影/透明度"对话框，在"边框"选项卡中单击"线条色彩"选项颜色块，在弹出的面板中选择"友立色彩选取器"选项，在弹出的对话框中进行设置，如图 9.4-15 所示，单击"确定"按钮，返回到"边框"对话框中进行设置，如图 9.4-16 所示。

图 9.4-15

图 9.4-16

（6）在"阴影"选项卡中单击"光晕阴影"按钮 **A**，弹出相应的对话框，单击"光晕阴影色彩"选项的颜色块，在弹出的面板中选择"友立色彩选取器"选项，在弹出的对话框中进行设置，如图9.4-17 所示，单击"确定"按钮，返回到"阴影"对话框中进行设置，如图9.4-18 所示，单击"确定"按钮。在预览窗口中拖曳文字到适当的位置，效果如图9.4-19 所示。

图 9.4-17

图 9.4-18

图 9.4-19

（7）在"动画"面板中勾选"应用动画"复选框，单击"类型"选项右侧的下拉按钮，在弹出的下拉列表中选择"淡化"选项，在"弹出"动画库中选择需要的动画效果应用到当前字幕，如图9.4-20 所示。在"编辑"面板中将"区间"选项设为5 秒24 帧，时间轴效果如图9.4-21 所示。

图 9.4-20

图 9.4-21

9.4.3 添加图像素材

（1）单击素材库中的"画廊"按钮 ▼，在弹出的列表中选择"图像"选项。在素材库中选择"图片-2.jpg"，按住鼠标左键将其拖曳至"视频轨"上，释放鼠标，效果如图9.4-22 所示。在"图像"面板中单击"重新采样选项"右侧的下拉按钮，在弹出的列表中选择"调整到项目大小"选项，预览窗口中效果如图9.4-23 所示。

图 9.4-22

图 9.4-23

（2）在"图像"面板中将"区间"选项设为 15 秒 2 帧，如图 9.4-24 所示，时间轴效果如图 9.4-25 所示。

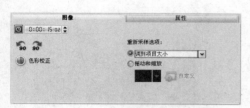

图 9.4-24

图 9.4-25

9.4.4 添加图像素材遮罩过渡效果

（1）单击素材库中的"画廊"按钮，在弹出的列表中选择"转场>遮罩"，在"遮罩"素材库中选择"遮罩 A2"过渡效果并将其添加到"视频轨"上的"图片 1.JPG"和"图片 2.JPG"两个图像素材中间，如图 9.4-26 所示。释放鼠标，过渡效果应用到当前项目的素材之间，效果如图 9.4-27 所示。

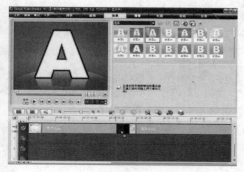

图 9.4-26

图 9.4-27

（2）单击素材库中的"画廊"按钮，在弹出的列表中选择"图像"选项，在素材库中选择"人物-1.jpg"，按住鼠标左键将其拖曳至"覆叠轨"上，释放鼠标，效果如图 9.4-28 所示。在预览窗口中的素材上单击鼠标右键，在弹出的菜单中选择"调整到屏幕大小"命令，效果如图 9.4-29 所示。

图 9.4-28

图 9.4-29

（3）在"属性"面板中单击"淡入动画效果"按钮和"淡出动画效果"按钮，如图 9.4-30 所示。再次单击"遮罩和色度键"按钮，打开覆叠选项面板，勾选"应用覆叠选项"复选框，在"类型"选项下拉列表中选择"遮罩帧"选项，在右侧的面板中选择需要的样式，如图9.4-31所示。此时在预览窗口中观看图像素材应用遮罩后的效果，如图9.4-32所示。

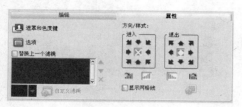

图9.4-30

图9.4-31

图9.4-32

（4）在"编辑"面板中将"区间"选项设为3秒18帧，如图9.4-33所示，时间轴效果如图9.4-34所示。

图9.4-33

图9.4-34

9.4.5 添加图像素材遮罩效果

（1）拖曳时间轴标尺上的位置标记▽，拖曳到9秒4帧处，如图9.4-35所示。在素材库中选择"人物-2.jpg"，按住鼠标左键将其拖曳至"覆叠轨"上，释放鼠标，效果如图9.4-36所示。在预览窗口中的素材上单击鼠标右键，在弹出的菜单中选择"调整到屏幕大小"命令，效果如图9.4-37所示。

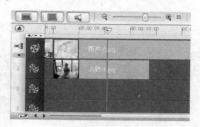

图9.4-35

图9.4-36

图9.4-37

（2）在"属性"面板中单击"淡入动画效果"按钮和"淡出动画效果"按钮，再次单击"遮罩和色度键"按钮，打开覆叠选项面板，勾选"应用覆叠选项"复选框，在"类型"选项下拉列表中选择"遮罩帧"选项，在右侧的面板中选择需要的样式，如图 9.4-38 所示。此时在预览窗口中观看图像素材应用遮罩后的效果，如图 9.4-39 所示。

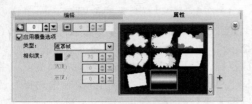

图 9.4-38

图 9.4-39

（3）在"编辑"面板中将"区间"选项设为 3 秒 2 帧，时间轴效果如图 9.4-40 所示。

图 9.4-40

（4）拖曳时间轴标尺上的位置标记，拖曳到 11 秒 21 帧处，如图 9.4-41 所示。在素材库中选择"人物-3.jpg"，按住鼠标左键将其拖曳至"覆叠轨"上，释放鼠标，效果如图 9.4-42 所示。

图 9.4-41

图 9.4-42

（5）在预览窗口中拖曳素材到适当的位置并调整大小，在素材上单击鼠标右键，在弹出的菜单中选择"停靠在中央>居中"命令，效果如图 9.4-43 所示。

图 9.4-43

（6）在"属性"面板中单击"暂停区间前旋转"按钮、"淡入动画效果"按钮、"淡出动画效果"按钮，如图 9.4-44 所示。在"编辑"面板中将"区间"选项设为 3 秒 8 帧，时间轴效果如图 9.4-45 所示。

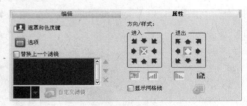

图 9.4-44

图 9.4-45

（7）拖曳时间轴标尺上的位置标记▽，拖曳到14秒21帧处，如图9.4-46所示。在素材库中选择"人物-4.jpg"，按住鼠标左键将其拖曳至"覆叠轨"上，释放鼠标，效果如图9.4-47所示。

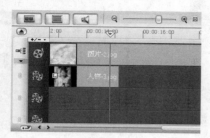

图 9.4-46

图 9.4-47

（8）在预览窗口中的素材上单击鼠标右键，在弹出的菜单中选择"调整到屏幕大小"命令，效果如图9.4-48所示。

图 9.4-48

（9）在"属性"面板中单击"淡入动画效果"按钮█，和"淡出动画效果"按钮█，再次单击"遮罩和色度键"按钮█，打开覆叠选项面板，勾选"应用覆叠选项"复选框，在"类型"选项下拉列表中选择"遮罩帧"选项，在右侧的面板中选择需要的样式，如图9.4-49所示。此时在预览窗口中观看图

像素材应用遮罩后的效果，如图9.4-50所示。

图 9.4-49

图 9.4-50

（10）拖曳时间轴标尺上的位置标记▽，拖曳到17秒12帧处，如图9.4-51所示。在素材库中选择"人物-5jpg"，按住鼠标左键将其拖曳至"覆叠轨"上，释放鼠标，效果如图9.4-52所示。

图 9.4-51

图 9.4-52

（11）在预览窗口中拖曳素材到适当的位置并

调整大小，在素材上单击鼠标右键，在弹出的菜单中选择"停靠在中央>居中"命令，效果如图 9.4-53 所示。

图 9.4-53

（12）在"属性"面板中单击"淡入动画效果"按钮，和"淡出动画效果"按钮，再次单击"遮罩和色度键"按钮，打开覆叠选项面板，勾选"应用覆叠选项"复选框，在"类型"选项下拉列表中选择"遮罩帧"选项，在右侧的面板中选择需要的样式，如图 9.4-54 所示。此时在预览窗口中观看图像素材应用遮罩后的效果，如图 9.4-55 所示。

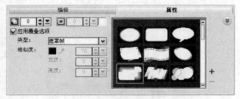

图 9.4-54

图 9.4-55

9.4.6 添加图像素材遮罩过滤效果

（1）在素材库中选择"图片-3jpg"，按住鼠标左键将其拖曳至"视频轨"上，释放鼠标，效果如图

9.4-56 所示。在"图像"面板中单击"重新采样选项"右侧的下拉按钮，在弹出的列表中选择"调整到项目大小"选项，将"区间"选项设为 10 秒 23 帧。预览窗口中效果如图 9.4-57 所示。

图 9.4-56

图 9.4-57

（2）单击素材库中的"画廊"按钮，在弹出的列表中选择"转场>遮罩"，在"遮罩"素材库中选择"遮罩 A3"过渡效果并将其添加到"视频轨"上的"图片 2.JPG"和"图片 3.JPG"两个图像素材中间，如图 9.4-58 所示，释放鼠标，过渡效果应用到当前项目的素材之间，效果如图 9.4-59 所示。

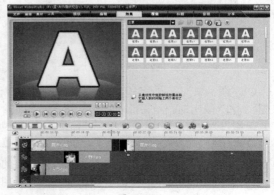

图 9.4-58

图 9.4-59

9.4.7 添加底图色块

（1）拖曳时间轴标尺上的位置标记▽，拖曳到 21 秒 2 帧处，如图 9.4-60 所示。

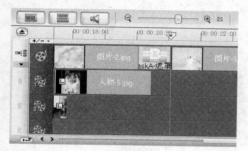

图 9.4-60

（2）单击素材库中的"画廊"按钮▼，在弹出的列表中选择"色彩"选项，在素材库中选择"（178，0，0），按住鼠标左键将其拖曳至"覆叠轨"上的 21 秒 02 帧处，如图 9.4-61 所示，释放鼠标，效果如图 9.4-62 所示。

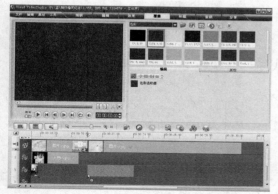

图 9.4-61

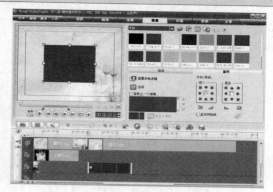

图 9.4-62

（3）在预览窗口中拖曳颜色块到适当的位置并调整大小，效果如图 9.4-63 所示。

图 9.4-63

（4）在"属性"面板中单击"淡入动画效果"按钮 和"淡出动画效果"按钮 ，如图 9.4-64 所示。

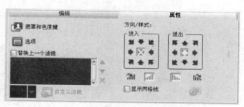

图 9.4-64

（5）单击"遮罩和色度键"按钮 ，打开覆叠选项面板，将"透明度"选项设为 70，如图 9.4-65 所示，预览窗口中效果如图 9.4-66 所示。

图 9.4-65

图 9.4-66

（6）在"编辑"面板中单击"色彩选取器"选项的颜色块，在弹出的对话框中进行设置，如图 9.4-67 所示，单击"确定"按钮，返回到"编辑"面板中将"区间"选项设为 9 秒 13 帧，如图 9.4-68 所示，时间轴效果如图 9.4-69 所示。

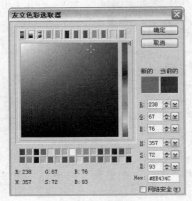

图 9.4-67

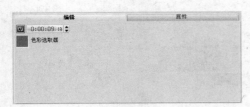

图 9.4-68

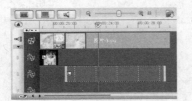

图 9.4-69

（7）拖曳时间轴标尺上的位置标记，拖曳到 23 秒 3 帧处，如图 9.4-70 所示。单击素材库中的"画

廊"按钮，在弹出的列表中选择"图像"选项，在素材库中选择"静物-1.jpg"，按住鼠标左键将其拖曳至"覆叠轨"上，释放鼠标，效果如图 9.4-71 所示。

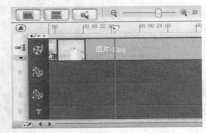

图 9.4-70

图 9.4-71

（8）在预览窗口中调整素材的大小，在素材上单击鼠标右键，在弹出的菜单中选择"停靠在中央>居中"命令，按键盘上的向左方向键调整素材的位置，效果如图 9.4-72 所示。

图 9.4-72

（9）在"方向/样式"选项面板中设置覆叠素材的运动方向，如图 9.4-73 所示。

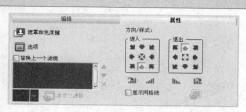

图 9.4-73

（10）单击"遮罩和色度键"按钮，打开覆叠选项面板，勾选"应用覆叠选项"复选框，在"类型"选项下拉列表中选择"遮罩帧"选项，在右侧的面板中选择需要的样式，如图 9.4-74 所示。此时在预览窗口中观看图像素材应用遮罩后的效果，如图 9.4-75 所示。

图 9.4-74

图 9.4-75

（11）拖曳时间轴标尺上的位置标记，拖曳到 27 秒 3 帧处，如图 9.4-76 所示。单击素材库中的"画廊"按钮，在弹出的列表中选择"图像"选项，在素材库中选择"静物-3.jpg"，按住鼠标左键将其拖曳至"覆叠轨"上，释放鼠标，效果如图 9.4-77 所示。

图 9.4-76

图 9.4-77

（12）在预览窗口中调整素材的大小，在素材上单击鼠标右键，在弹出的菜单中选择"停靠在中央>居中"命令，按键盘上的向左方向键调整素材的位置，效果如图 9.4-78 所示。

图 9.4-78

（13）在"方向/样式"选项面板中设置覆叠素材的运动方向，如图 9.4-79 所示。

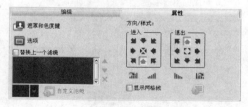

图 9.4-79

（14）单击"遮罩和色度键"按钮，打开覆叠选项面板，勾选"应用覆叠选项"复选框，在"类型"选项下拉列表中选择"遮罩帧"选项，在右侧的面板中选择需要的样式，如图 9.4-80 所示。此时在预览窗口中观看图像素材应用遮罩后的效果，如图 9.4-81 所示。

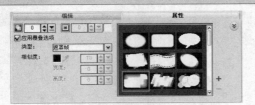

图 9.4-80

图 9.4-81

（15）拖曳时间轴标尺上的位置标记 ▽，拖曳到 25 秒 3 帧处，如图 9.4-82 所示。单击素材库中的"画廊"按钮 ▼，在弹出的列表中选择"图像"选项，在素材库中选择"静物-2.jpg"，按住鼠标左键将其拖曳至"覆叠轨"上，释放鼠标，效果如图 9.4-83 所示。

图 9.4-82

图 9.4-83

（16）在预览窗口中调整素材的大小，在素材上单击鼠标右键，在弹出的菜单中选择"停靠在中央>居中"命令，按键盘上的向左方向键调整素材的位置，效果如图 9.4-84 所示。

图 9.4-84

（17）在"方向/样式"选项面板中设置覆叠素材的运动方向，如图 9.4-85 所示。

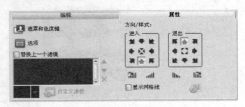

图 9.4-85

（18）单击"遮罩和色度键"按钮 ▣，打开覆叠选项面板，勾选"应用覆叠选项"复选框，在"类型"选项下拉列表中选择"遮罩帧"选项，在右侧的面板中选择需要的样式，如图 9.4-86 所示。此时在预览窗口中观看图像素材应用遮罩后的效果，如图 9.4-87 所示。

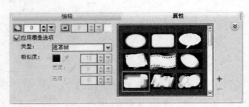

图 9.4-86

图 9.4-87

（19）单击素材库中的"画廊"按钮 ，在弹出的列表中选择"图像"选项，在素材库中选择"图片-4.jpg"，按住鼠标左键将其拖曳至"视频轨"上，释放鼠标，效果如图 9.4-88 所示。

图 9.4-88

（20）在"图像"面板中单击"重新采样选项"右侧的下拉按钮，在弹出的列表中选择"调整到项目大小"选项，将"区间"选项设为 7 秒 22 帧，如图 9.4-89 所示预览窗口中效果如图 9.4-90 所示。

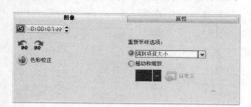

图 9.4-89

图 9.4-90

（21）单击素材库中的"画廊"按钮 ，在弹出的列表中选择"转场>遮罩"，在"遮罩"素材库中选择"遮罩 A6"过渡效果并将其添加到"视频轨"上的"图片-3.JPG"和"图片-4.JPG"两个图像素材中间，如图 9.4-91 所示。释放鼠标，过渡效果应用到当前项目的素材之间，效果如图 9.4-92 所示。

图 9.4-91

图 9.4-92

9.4.8 添加文字阴影

（1）拖曳时间轴标尺上的位置标记 ，拖曳到 31 秒处，如图 9.4-93 所示。单击步骤选项卡中的"标题"按钮 标题 ，切换至标题面板。在预览窗口中双击鼠标插入光标。在"编辑"面板中单击"色彩"颜色块，在弹出的列表中选择"友立色彩选取器"选项，在弹出的对话框中进行设置，如图 9.4-94 所示，单击"确定"按钮，在"编辑"面板中其他属性的设置如图 9.4-95 所示。在预览窗口中输入需要的文字，效果如图 9.4-96 所示。

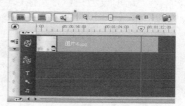

图 9.4-93

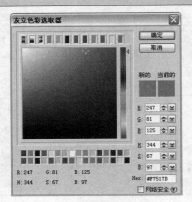

图 9.4-94

图 9.4-95

图 9.4-96

（2）选取输入的文字，在"编辑"面板中单击"边框/阴影/透明度"按钮![T]，弹出"边框/阴影/透明度"对话框，在"边框"选项卡中，将"线条色彩"选项设为白色，其他选项的设置如图 9.4-97 所示，在"阴影"选项卡中单击"光晕阴影"![A]，将"光晕阴影色彩"选项设为白色，其他选项的设置如图 9.4-98 所示，单击"确定"按钮，效果如图 9.4-99 所示。

图 9.4-97

图 9.4-98

图 9.4-99

（3）在"动画"面板中勾选"应用动画"复选框，单击"类型"选项右侧的下拉按钮，在弹出的下拉列表中选择"弹出"选项，在"弹出"动画库中选择需要的动画效果应用到当前字幕，如图 9.4-100 所示。在"编辑"面板中将"区间"选项设为 5 秒 23 帧，时间轴效果如图 9.4-101 所示。

图 9.4-100

图 9.4-101

9.4.9 添加图像素材镜头闪光效果

（1）单击素材库中的"画廊"按钮![▼]，在弹出的列表中选择"图像"选项。在素材库中选择"场景-1.jpg"，按住鼠标左键将其拖曳至"视频轨"上，释放鼠标，效果如图 9.4-102 所示。

图 9.4-102

（2）单击素材库中的"画廊"按钮 ，在弹出的列表中选择"视频滤镜"选项，在素材库中选择"镜头闪光"滤镜并将其添加到"视频轨"上的"场景-1.JPG"素材上，如图 9.4-103 所示，释放鼠标，视频滤镜被应用到素材上，效果如图 9.4-104 所示。

图 9.4-103

图 9.4-104

（3）在"图像"面板中单击"重新采样选项"右侧的下拉按钮，在弹出的列表中选择"调整到项目大小"选项，将"区间"选项设为 5 秒 4 帧，如图 9.4-105 所示，预览窗口中效果如图 9.4-106 所示。

图 9.4-105

图 9.4-106

（4）单击素材库中的"画廊"按钮 ，在弹出的列表中选择"转场>遮罩"，在"遮罩"素材库中选择"遮罩 A6"过渡效果并将其添加到"视频轨"上的"图片-4.JPG"和"场景-1.jpg G"两个图像素材中间，如图 9.4-107 所示，释放鼠标，过渡效果应用到当前项目的素材之间，效果如图 9.4-108 所示。

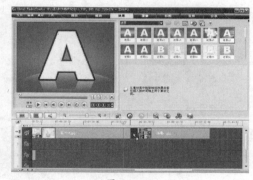

图 9.4-107

图 9.4-108

（5）单击素材库中的"画廊"按钮▼，在弹出的列表中选择"图像"选项，在素材库中选择"场景-2.jpg"，按住鼠标左键将其拖曳至"视频轨"上，释放鼠标，效果如图 9.4-109 所示。

图 9.4-109

（6）在"图像"面板中勾选"摇动和缩放"单选项，单击"自定义"按钮，弹出"摇动和缩放"对话框，拖曳图像窗口中的十字标记，改变聚焦的中心点，其他选项的设置如图 9.4-110 所示。单击右侧的棱形标记，移动到下一个关键帧，在图像窗口中拖曳中间的十字标记，改变聚焦的中心点，其他选项的设置如图 9.4-111 所示，单击"确定"按钮。

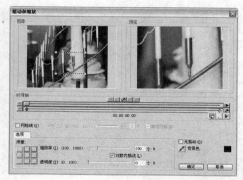

图 9.4-110

图 9.4-111

（7）在"编辑"面板中将"区间"选项设为 5 秒 02 帧，时间轴效果如图 9.4-112 所示。

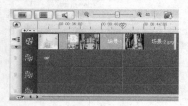

图 9.4-112

9.4.10　添加图像素材闪光效果

（1）单击素材库中的"画廊"按钮▼，在弹出的列表中选择"转场>闪光"，在"闪光"素材库中选择"FB1"过渡效果并将其添加到"视频轨"上的"场景-2.JPG"和"场景-3JPG"两个图像素材中间，如图 9.4-113 所示。释放鼠标，过渡效果应用到当前项目的素材之间，效果如图 9.4-114 所示。

图 9.4-113

图 9.4-114

（2）单击素材库中的"画廊"按钮▼，在弹出的列表中选择"图像"选项，在素材库中选择"场景-3.jpg"，按住鼠标左键将其拖曳至"视频轨"上，释放鼠标，效果如图 9.4-115 所示。

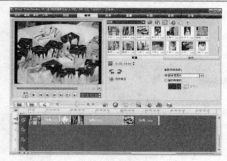

图 9.4-115

（3）在"图像"面板中单击"重新采样选项"右侧的下拉按钮，在弹出的列表中选择"调整到项目大小"选项，将"区间"选项设为 5 秒 16 帧，如图 9.4-116 所示，预览窗口中效果如图 9.4-117 所示。

图 9.4-116

图 9.4-117

（4）单击素材库中的"画廊"按钮，在弹出的列表中选择"转场>闪光"，在"闪光"素材库中选择"FB1"过渡效果并将其添加到"视频轨"上的"场景-2.JPG"和"场景-3JPG"两个图像素材中间，如图 9.4-118 所示。释放鼠标，过渡效果应用到当前项目的素材之间，效果如图 9.4-119 所示。

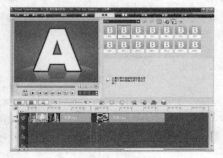

图 9.4-118

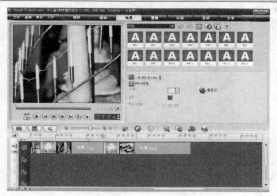

图 9.4-119

9.4.11　制作图像素材对开门效果

（1）单击素材库中的"画廊"按钮，在弹出的列表中选择"图像"选项。拖曳时间轴标尺上的位置标记，拖曳到 48 秒 14 帧处，如图 9.4-120 所示。在素材库中选择"场景-5.jpg"，按住鼠标左键将其拖曳至"覆叠轨"上，释放鼠标，效果如图 9.4-121 所示。

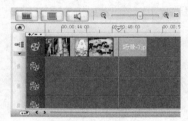

图 9.4-120

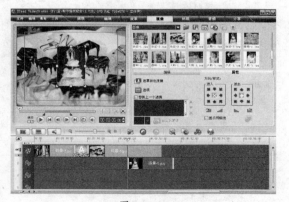

图 9.4-121

（2）在预览窗口中拖曳素材到适当的位置并调整大小，效果如图 9.4-122 所示。在"方向/样式"选项面板中设置覆叠素材的运动方向，如图 9.4-123 所示。

图 9.4-122

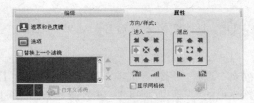

图 9.4-123

（3）在"编辑"面板中将"区间"选项设为 4 秒 24 帧，时间轴效果如图 9.4-124 所示。

图 9.4-124

（4）在素材库中选择"场景-4.jpg"，按住鼠标左键将其拖曳至"覆叠轨"上，释放鼠标，效果如图 9.4-125 所示。在预览窗口中拖曳图像到适当的位置并调整其大小，效果如图 9.4-126 所示。

图 9.4-125

图 9.4-126

（5）在"方向/样式"选项面板中设置覆叠素材的运动方向，如图 9.4-127 所示。在"编辑"面板中将"区间"选项设为 4 秒 24 帧，时间轴效果如图 9.4-128 所示。

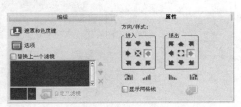

图 9.4-127

图 9.4-128

（6）在素材库中选择"图片-5.jpg"，按住鼠标左键将其拖曳至"视频轨"上，释放鼠标，效果如图 9.4-129 所示。在"图像"面板中单击"重新采样选项"右侧的下拉按钮，在弹出的列表中选择"调到项目大小"选项，效果如图 9.4-130 所示。

图 9.4-129

图 9.4-130

（7）在"图像"面板中将"区间"选项设为 23
秒 9 帧，时间轴效果如图 9.4-131 所示。

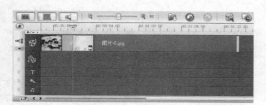

图 9.4-131

（8）拖曳时间轴标尺上的位置标记 ，拖曳到
53 秒 1 帧处，如图 9.4-132 所示。单击素材库中的
"画廊"按钮 ，在弹出的列表中选择"图像"选
项，在素材库中选择"仪式-1.jpg"，按住鼠标左键
将其拖曳至"覆叠轨"上，释放鼠标，效果如图
9.4-133 所示。在预览窗口中的素材上单击鼠标右
键，在弹出的菜单中选择"调整到屏幕大小"命令，
效果如图 9.4-134 所示。

图 9.4-132

图 9.4-133

图 9.4-134

（9）在"属性"面板中单击"淡入动画效果"
按钮 、"淡出动画效果"按钮 ，如图 9.4-135
所示。

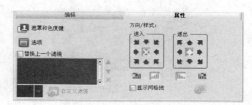

图 9.4-135

（10）单击"遮罩和色度键"按钮 ，打开覆
叠选项面板，勾选"应用覆叠选项"复选框，在"类
型"选项下拉列表中选择"遮罩帧"选项，在右侧
的面板中选择需要的样式，如图 9.4-136 所示。此时
在预览窗口中观看图像素材应用遮罩后的效果，如
图 9.4-137 所示。

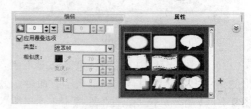

图 9.4-136

图 9.4-137

（11）在"编辑"面板中将"区间"选项设为 5 秒 1 帧，时间轴效果如图 9.4-138 所示。

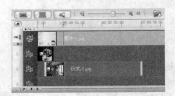

图 9.4-138

（12）拖曳时间轴标尺上的位置标记 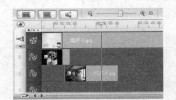，拖曳到 56 秒 13 帧处，如图 9.4-139 所示。在素材库中选择"仪式-2.jpg"，按住鼠标左键将其拖曳至"覆叠轨"上，释放鼠标，效果如图 9.4-140 所示。

图 9.4-139

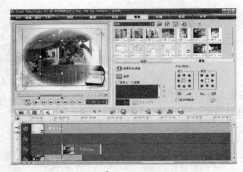

图 9.4-140

（13）在预览窗口中的素材上单击鼠标右键，在弹出的菜单中选择"调整到屏幕大小"命令，效果如图 9.4-141 所示。在"属性"面板中单击"淡入动画效果"按钮 .ılı 、"淡出动画效果"按钮 lılı.，如图 9.4-142 所示。

图 9.4-141

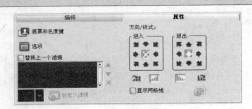

图 9.4-142

（14）单击"遮罩和色度键"按钮 ，打开覆叠选项面板，勾选"应用覆叠选项"复选框，在"类型"选项下拉列表中选择"遮罩帧"选项，在右侧的面板中选择需要的样式，如图 9.4-143 所示。此时在预览窗口中观看图像素材应用遮罩后的效果，如图 9.4-144 所示。

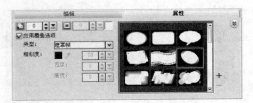

图 9.4-143

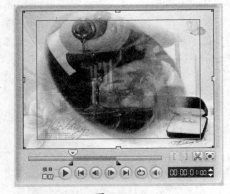

图 9.4-144

（15）在"编辑"面板中将"区间"选项设为 5 秒 14 帧，时间轴效果如图 9.4-145 所示。

图 9.4-145

（16）拖曳时间轴标尺上的位置标记 ，拖曳到 1 分 1 秒 6 帧处，时间轴效果如图 9.4-146 所示。在素材库中选择"仪式-3.jpg"，按住鼠标左键将其拖曳至"覆叠轨"上，释放鼠标，效果如图 9.4-147 所示。

图 9.4-146

图 9.4-147

（17）在预览窗口中的素材上单击鼠标右键，在弹出的菜单中选择"调整到屏幕大小"命令，效果如图 9.4-148 所示。在"属性"面板中单击"淡入动画效果"按钮 ，"淡出动画效果"按钮 ，如图 9.4-149 所示。

图 9.4-148

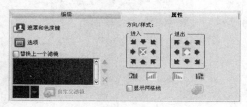

图 9.4-149

（18）单击"遮罩和色度键"按钮 ，打开覆叠选项面板，勾选"应用覆叠选项"复选框，在"类型"选项下拉列表中选择"遮罩帧"选项，在右侧的面板中选择需要的样式，如图 9.4-150 所示。此时在预览窗口中观看图像素材应用遮罩后的效果，如图 9.4-151 所示。

图 9.4-150

图 9.4-151

（19）在"编辑"面板中将"区间"选项设为 5 秒 8 帧，时间轴效果如图 9.4-152 所示。

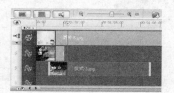

图 9.4-152

（20）拖曳时间轴标尺上的位置标记 ，拖曳到 1 分 5 秒 17 帧处，如图 9.4-153 所示。在素材库中选择"仪式-4.jpg"，按住鼠标左键将其拖曳至"覆叠轨"上，释放鼠标，效果如图 9.4-154 所示。

图 9.4-153

图 9.4-154

（21）在预览窗口中的素材上单击鼠标右键，在弹出的菜单中选择"调整到屏幕大小"命令，效果如图 9.4-155 所示。在"属性"面板中单击"淡入动画效果"按钮，"淡出动画效果"按钮，如图 9.4-156 所示。

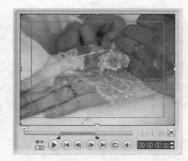

图 9.4-155

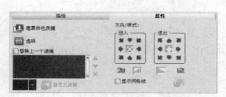

图 9.4-156

9.4.12　添加图像素材渐变遮罩效果

（1）单击"遮罩和色度键"按钮，打开覆叠选项面板，勾选"应用覆叠选项"复选框，在"类型"选项下拉列表中选择"遮罩帧"选项，在右侧的面板中选择需要的样式，如图 9.4-157 所示。此时在预览窗口中观看图像素材应用遮罩后的效果，如图 9.4-158 所示。

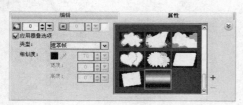

图 9.4-157

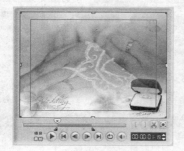

图 9.4-158

（2）在"编辑"面板中将"区间"选项设为 5 秒 8 帧，时间轴效果如图 9.4-159 所示。

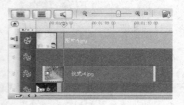

图 9.4-159

（3）拖曳时间轴标尺上的位置标记，拖曳到 1 分 10 秒 20 帧处，如图 9.4-160 所示。

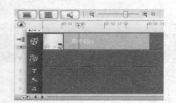

图 9.4-160

（4）单击步骤选项卡中的"标题"按钮，切换至标题面板。在预览窗口中双击鼠标插入光标。在"编辑"面板中单击"色彩"选项的颜色块，在弹出的面板中选择"友立色彩选取器"选项，在弹出的对话框中进行设置，如图 9.4-161 所示，单击"确定"按钮，在"编辑"面板中其他属性的设置如图 9.4-162 所示，在预览窗口输入需要的文字，效果如图 9.4-163 所示。

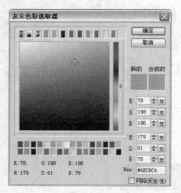

图 9.4-161

图 9.4-162

图 9.4-163

（5）选取输入的文字，单击"边框/阴影/透明度"按钮 **T**，弹出"边框/阴影/透明度"对话框，在"边框"选项卡中将"线条色彩"选项设为白色，其他选项的设置如图 9.4-164 所示。在"阴影"选项卡中单击"光晕阴影"按钮 **A**，将"光晕阴影色彩"选项设为白色，其他选项的设置如图 9.4-165 所示。单击"确定"按钮，在预览窗口中效果如图 9.4-166 所示。

图 9.4-164

图 9.4-165

图 9.4-166

（6）在"动画"面板中勾选"应用动画"复选框，单击"类型"选项右侧的下拉按钮，在弹出的下拉列表中选择"淡化"选项，在"淡化"动画库中选择需要的动画效果应用到当前字幕，如图 9.4-167 所示。在"编辑"面板中将"区间"选项设为 3 秒 8 帧，时间轴效果如图 9.4-168 所示。

图 9.4-167

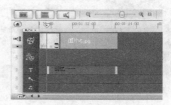

图 9.4-168

9.4.13 添加声音

（1）单击素材库中的"画廊"按钮 ，在弹出的列表中选择"音频"选项。在素材库中选择"A06"，按住鼠标左键将其拖曳至"音乐轨"上，如图 9.4-169 所示，释放鼠标，效果如图 9.4-170 所示。用相同的方法再次选择音频素材"A06"并将其拖曳到"音乐轨"上，释放鼠标，效果如图 9.4-171 所示。

图 9.4-169

图 9.4-170

图 9.4-171

（2）在"音乐和声音"面板中将"区间"选项设为 21 秒 15 帧，并单击"淡出"按钮，如图 9.4-172 所示，单击"时间轴"面板中的"音频视图"按钮，查看音频素材的淡出效果，如图 9.4-173 所示。

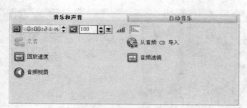

图 9.4-172

图 9.4-173

9.4.14 输出影片

（1）单击步骤选项卡中的"分享"按钮，切换至分享面板，单击选项面板中的"创建视频文件"按钮，在弹出的列表中选择"DVD/VCD/SVCD/MPEG > PAL MPEG1（720×576，25 fps）"选项，如图 9.4-174 所示，在弹出的"创建视频文件"对话框中选择文件的保存路径。

图 9.4-174

（2）单击"保存"按钮，输出视频文件，系统渲染完成后，自动添加到"视频"素材库中，效果如图 9.4-175 所示。

图 9.4-175